U0236380

空间站的科学

焦维新 ——— 编著

化学工业出版社

·北京·

内容简介

人类历史上首个空间站礼炮1号于1971年成功发射升空。2021年4月29日，天和核心舱由长征五号B遥二运载火箭搭载在中国文昌航天发射场点火升空，标志着中国空间站在轨组装建造全面展开。2022年底中国空间站全面建成，全面实现了载人航天工程"三步走"发展战略目标。

本书内容涵盖：第一代到第四代空间站的发展概况；载人航天关键技术，包括运载火箭技术、飞船技术、空间交会对接技术、太空行走技术以及空间科学实验技术；国际空间站的结构、主要舱段和主要科学研究方向；我国空间站的整体结构和主要科学实验项目；以及空间站的未来发展方向。

本书用简明、有趣的语言，配合大量高清彩色大图，将空间站涉及的科学知识和技术原理进行了深入浅出的分析，并对实验项目、科学实验的价值以及与人类社会的密切关系，进行了详细介绍，以便读者了解发展空间站与人类生活、社会的发展的直接关系。本书可供航空航天爱好者和大中学生参考阅读，也可作为相关研究人员的入门读物。

图书在版编目(CIP)数据

图说空间站的科学 / 焦维新编著. -- 北京：化学工业出版社，2024.5
ISBN 978-7-122-45016-6

Ⅰ. ① 图… Ⅱ. ① 焦… Ⅲ. ① 航天站-普及读物 Ⅳ. ① V476-49

中国国家版本馆CIP数据核字〔2024〕第075091号

责任编辑：王清颢　　　　　　文字编辑：张　琳
责任校对：李露洁　　　　　　装帧设计：溢思视觉设计 / 程超

出版发行：化学工业出版社
　　　　　（北京市东城区青年湖南街13号　邮政编码100011）
印　　装：天津市银博印刷集团有限公司
710mm×1000mm　1/16　印张13¹/₂　字数196千字
2024年10月北京第1版第1次印刷

购书咨询：010 - 64518888　　　售后服务：010 - 64518899
网　　址：http：// www.cip.com.cn
凡购买本书，如有缺损质量问题，本社销售中心负责调换。

定　　价：79.80元　　　　　　　　　版权所有　违者必究

空间站（space station）又称太空站、航天站，是一种在近地轨道长时间运行、可供多名航天员巡访、长期工作和生活的载人航天器。空间站分为单模块空间站和多模块空间站两种。

很多人都听说过"太空竞赛"这个词，太空竞赛是指从1957年到1975年期间，美国和苏联在开发人造卫星、载人航天和月球探测等空间探索领域的竞争。

1957年10月4日，苏联发射第一颗人造地球卫星，标志着太空竞赛的正式开端。1961年4月12日，苏联成功地发射了第一艘载人飞船"东方号"，尤里·加加林成功地完成了划时代的太空飞行任务，从而实现了人类遨游太空的梦想，开创了世界载人航天的新纪元，揭开了人类进入太空的序幕。

接着，美苏的竞争进入月球探测领域。在"探月争霸赛"中，可以说是"苏联赢得了开始，美国笑到了最后"。在载人探月的竞争中失败后，苏联把载人航天的重点放在发展空间站，而美国则侧重于发展航天飞机。事实证明，苏联的发展路线是正确的，尽管航天飞机比飞船运载能力大，可重复使用，但在太空停留的时间一般在15天左右，而空间站，特别是组合式空间站可在太空运行十几年。美国后来也认识到发展空间站的重要性，于是后来联合欧洲空间局、日本以及苏联等国家和地区的组织，建造了国际空间站（ISS）。国际空间站可能会在2028年退役。

中国空间站（英文：China Space Station，缩写：CSS，又称：天宫空间站）是中华人民共和国建成的国家级太空实验室。1992年9月，中共中央决策实施载人航天工程，并确定了我国载人航天"三步走"的发展战略，建成空间站是发展战略的重要目标。2010年，中共中央批准载人空间站工程立项，2021年4月29

日，天和核心舱由长征五号B遥二运载火箭搭载发射，在中国文昌航天发射场点火升空，天和核心舱任务是11次飞行任务中的第1次，标志着中国空间站在轨组装建造全面展开。

本书介绍了人类空间站的发展历程，分析了四代空间站的特点，及国际空间站上的科学实验，重点介绍我国天宫空间站的结构、特点、主要实验项目以及未来的发展。

本书用简明、有趣的语言，配合大量高清彩色大图，将空间站涉及的科学知识和技术原理进行了深入浅出的分析，并对实验项目、科学实验的价值以及与人类社会的密切关系，进行了详细介绍，以便读者了解发展空间站与人类生活、社会发展的直接关系。本书可供航空航天爱好者和大中学生参考阅读，也可作为相关研究人员的入门读物。

本书由焦维新编著，空间技术研究院高级工程师宋晓光编写了本书附录，并对全书内容进行了审阅，在此表示感谢。

由于时间仓促，书中不足之处在所难免，恳请广大读者批评指正。

编著者

目录

第一章

空间站的
发展历程

空间站（space station）又称太空站、航天站，是一种在近地轨道长时间运行、可供多名航天员❶巡访、长期工作和生活的载人航天器。空间站分为单模块空间站和多模块空间站两种。单模块空间站可由航天运载器一次发射入轨，多模块空间站则由航天运载器分批将各模块送入轨道，在太空中将各模块组装而成。在空间站中要有能够供人生活的一切设施，空间站不具备返回地球的能力。

国际空间站从1971年世界上第一个空间站"礼炮1号"发射升空，到国际空间站，经历了四代的历程。

第一节　第一代空间站

苏联在同美国的载人探月竞争失败后，为了在下一轮的竞赛中获得主动，决定全力以赴发展空间站计划，并希望此举成为20世纪惊天动地的壮举。

苏联的第一代空间站质量为18～18.9吨，可居住空间85立方米左右，一般在离地面200～250千米高的轨道上运行，轨道倾角均为51.6°。由于它们具有试验性质，所以也叫试验性空间站。其主要特征是站上只有1个对接口，因而只能接纳1艘客货两用飞船（运送往返人员和少量物品），其科研仪器和主要物品均在发射前就装入了空间站内，许多重要物资无法及时补给，这就限制了载人航天的时间和空间站的在轨运行寿命。不过，第一代空间站解决了许多有关的重大科技问题。例如，证实了在太空也和地面一样，有必要把住宿与工作场所等按各自的特点分别建造，这样才能解除相互间的束缚，获得高效率；人在太空的人造环境中驻留较长时间后，可用轮换航天员的办法使空间站的利用率提高。试验性空间站虽然是短暂性的，但也比其他航天器有较大进步。

---

❶　航天员，也叫宇航员，指乘坐航天器进入太空飞行的人员。

一、礼炮1号

1971年4月19日，苏联发射了世界上第一个空间站"礼炮1号"。礼炮1号由轨道舱、服务舱和对接舱组成，总长约14米，最大直径4米，总重约18.4吨，可居住6名航天员。近地点高度200千米，远地点高度222千米，轨道周期88.5分钟，轨道倾角51.6°。站内装有各种实验设备、照相摄影设备和科学实验设备。图1-1和图1-2给出礼炮1号的外形、剖视图和内部结构。

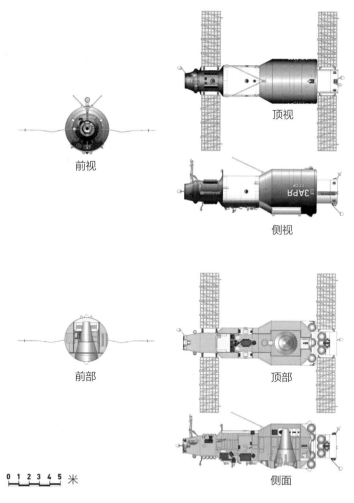

图1-1　礼炮1号外形和剖视图

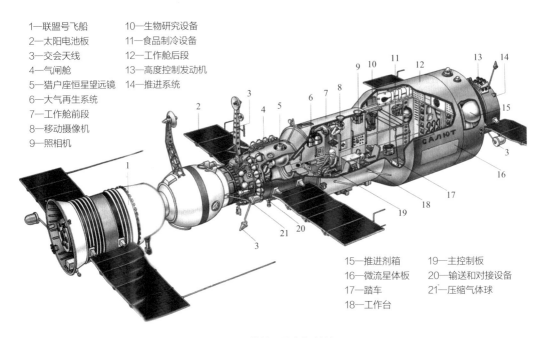

1—联盟号飞船　　10—生物研究设备
2—太阳电池板　　11—食品制冷设备
3—交会天线　　　12—工作舱后段
4—气闸舱　　　　13—高度控制发动机
5—猎户座恒星望远镜　14—推进系统
6—大气再生系统
7—工作舱前段
8—移动摄像机
9—照相机

15—推进剂箱　　　19—主控制板
16—微流星体板　　20—输送和对接设备
17—踏车　　　　　21—压缩气体球
18—工作台

图1-2　礼炮1号内部结构

　　1971年4月23日，联盟10号飞船载3名航天员上天，实现了与礼炮1号的对接，但因飞船闸门失灵，3名航天员未能进入礼炮1号。联盟10号任务中止，机组人员安全返回地球。

　　1971年6月6日，联盟11号飞船载3名航天员进入轨道，经过6小时的轨道机动，使联盟11号的轨道与礼炮1号相同。第2天，两个航天器逐渐接近，在150米的距离上开始交会对接操作，这个过程进行得比较顺利。图1-3是礼炮1号与联盟11号对接示意图。

　　在联盟11号与礼炮1号交会对接过程中，礼炮1号是被追踪的目标航天器，联盟11号为追踪器。但是，在交会对接的初始阶段，礼炮1号和联盟11号双方都进行了轨道机动，使相对距离缩到15～30千米之内。在这个距离内礼炮1号不再进行轨道机动，以保持与联盟11号对接的特定方向。在对接的同时，联盟11号的电气系统和液压系统也同礼炮1号连接。经过压力调节并打开舱门后，航天员进入了礼炮1号试验性空间站。

　图说空间站的科学

此后，3位航天员先调节了轨道舱的环境，开始了适应性工作。他们的具体任务包括：

· 检查轨道导航站的设计、单元、机载系统和设备。

· 测试空间站用于定向和导航的手动和自主程序，以及在轨道上操纵空间综合体的控制系统。

· 研究地球地质、地理、气象和表面冰雪覆盖情况。

· 研究电磁频谱各个区域的大气和外层空间的物理特性和现象。

· 进行医学生物学研究以确定让航天员在空间站执行各种任务的可行性，并研究太空飞行对人体的影响。

从1971年6月10日开始，他们按计划进行各种实验工作：测试礼炮1号内

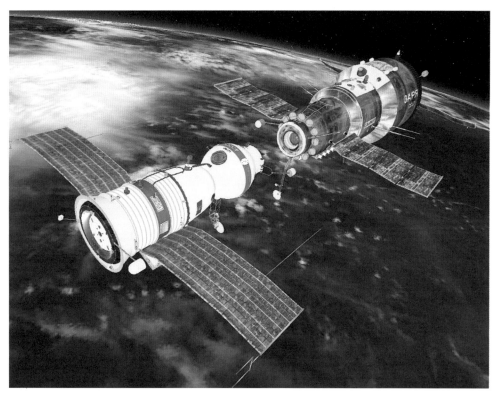

图1-3　礼炮1号与联盟11号对接示意图

辐射水平，分析航天员血样，用 γ 射线望远镜观测天文，进行鱼类在水中运动实验，种植植物实验，用相机拍摄地球。6月19日，他们利用猎户座恒星望远镜进行了恒星观测。他们还研究了无线电信号的衰减，并对地球和地球天气现象进行了观测。到6月23日，他们打破了联盟9号飞船飞行18天的纪录。

6月28日，地面控制中心要求航天员在次日返回。6月29日联盟11号与礼炮1号分离。3名航天员在太空中停留了23天，这是航天历史上第一次有人使用空间站，并创下了在太空停留时间的新纪录。在编队飞行1小时后，航天员操纵飞船降低轨道准备进入大气层。此后由于飞船返回舱的一个压力调节阀在与轨道舱分离时被打开了，舱内的空气很快泄出，再加上航天员没有穿航天服，虽然飞船被安全回收，但3名航天员早已因缺氧窒息而死。这场重大航天事故促使技术人员对联盟号飞船进行重大的修改，以提高安全性和可靠性。

礼炮1号空间站发射成功，标志着载人航天已经从规模较小、飞行时间较短的载人飞船阶段进入规模较大、运行时间较长的空间应用探索试验阶段。礼炮1号空间站与联盟11号飞船对接成功，3名航天员进入空间站工作23天，标志着人类对空间的探索能力进一步加强。

二、礼炮4号

在苏联发射的前五个"礼炮"/"钻石"号空间站中，只有"礼炮4号"（Salyut 4）显示了长期空间飞行的前景。礼炮4号的基本结构与礼炮1号仅有细微差别。礼炮4号取消了早期航天器的小型太阳电池组，而是通过前舱的三个较大的太阳电池板发电。此外，它还携带了2000千克的仪器套件，包括25厘米直径的轨道太阳望远镜、两个X射线望远镜、一个用于远紫外线观测的光谱仪，以及安装在空间站外部的X射线探测器和光学传感器。

1974年12月26日发射后，礼炮4号承担了三次任务。"联盟17号"于1975年1月12日抵达，航天员将其与空间站手动对接。当他们第一次进入空间站时，发现工作舱里有人留下了一张滑稽的纸条，告诉他们："擦擦你的脚！"航天员们每天工作15～20个小时，测试用于跟踪飞船运动的通信设备，他们还重新修复了空间站太阳望远镜上的镜片。该镜片因直接暴露在太阳下而被损坏，当时其指向系统出现故障。在空间站上停留29天后，他们于2月9日返回地球。

"联盟18号"在1975年5月26日与空间站对接。航天员们执行了各种各样的任务，有些与内务管理有关，有些涉及生物研究、医学实验，以及对地球、其他行星和恒星的天文观测。7月，航天器的环境系统开始出现故障，导致墙壁上长出霉菌。1975年7月26日，航天员在空间站停留了60多天后返回地球，这是迄今为止礼炮号上航天员停留时间最长的纪录。

在"联盟20号"执行任务期间，苏联的太空计划取得了更多的进展，但是没有乘员。联盟7K-T飞船于1975年11月17日发射，在礼炮4号上停靠了90天，对升级后的系统进行自动检查，并进行了一次生物实验，将植物暴露在空间站的环境下三个月。联盟7K-T于1976年2月16日与空间站分离。

在轨道上运行了770天（工作92天）后，礼炮4号在1977年2月3日重新进入大气层时烧毁了。虽然这不是苏联空间站的最高水平，但礼炮4号标志着一个真实的成就，以此为基础，苏联占据了空间站领域的卓越地位，促使空间站的发展目标在后来的礼炮号空间站和最终的和平号空间站中实现。

图1-4给出了礼炮4号空间站的内部结构，图1-5是礼炮4号的外形图。

礼炮4号携带的主要仪器有：X射线探测器，通常称为Filin望远镜，由四个气体正比计数器组成，其中三个在2～10千电子伏能量范围内的总探测面积为450平方厘米，其中一个在0.2～2千电子伏能量范围内的有效面积为37平方厘米；狭缝准直器，将视野限制为3°×10°FWHM（半峰全宽）；与X射线探测器一起安装在空间站外部的光学传感器，以及站内的电源和测量单元。X射线探测器的地面校准与三种模式的飞行操作一起考虑：惯性定向、轨道定向和测量。可以在4个能量通道中收集数据：2～3.1千电子伏、3.1～5.9千电子伏、5.9～9.6千电子伏和2～9.6千电子伏。

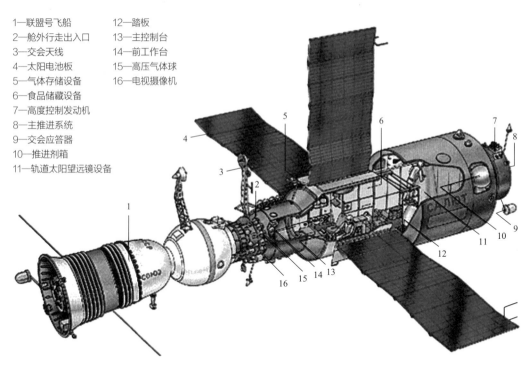

1—联盟号飞船　　12—踏板
2—舱外行走出入口　13—主控制台
3—交会天线　　　　14—前工作台
4—太阳电池板　　　15—高压气体球
5—气体存储设备　　16—电视摄像机
6—食品储藏设备
7—高度控制发动机
8—主推进系统
9—交会应答器
10—推进剂箱
11—轨道太阳望远镜设备

图1-4　礼炮4号空间站内部结构

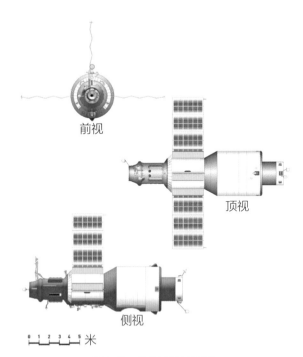

前视

顶视

侧视

 米

图1-5　礼炮4号外形图

　图说空间站的科学

礼炮4号外部的科学实验有7项：

① 用太阳望远镜测量太阳的紫外辐射，用于研究太阳的表面温度；

② 用红外望远镜研究地球大气层的辐射，同时还进行了天文观测，包括研究月球、土星、麦哲伦云、仙女座星云和恒星；

③ 用X射线望远镜寻找夜空的X射线源；

④ 用X射线望远镜测量X射线天体的亮度，用于研究蟹状星云以及恒星参宿七；

⑤ 用光谱仪研究地球的大气层，特别是臭氧层；

⑥ 用微流星体探测器研究近地空间的小粒子；

⑦ 用光谱仪测量地球大气层中的尘埃粒子。

礼炮4号空间站内部的科学实验有5项：

① 用一个可控气候的容器研究单细胞植物的生长；

② 将果蝇养在一个可控气候的容器中进行研究；

③ 在一个可控气候的容器中放置3个小的水族箱，用于研究青蛙卵的发展，并将蝌蚪冷冻返回地球进行研究；

④ 用一个可控气候的容器研究动物细胞结构的变化；

⑤ 用一个温室研究洋葱和豌豆属植物的生长。

三、军事空间站

人类一升入太空就提出了有人驾驶航天器的军事作战问题。在20世纪60年代初，美国和苏联的太空设计师考虑了一系列军用载人飞船，包括轨道轰炸机和拦截器。最终，确认自动化系统是在太空部署武器的更便宜和更可靠的手段。然而，凭借人眼和大脑，在获得天基情报方面更有优势。

1964年10月12日，苏联第52特种设计局（OKB-52）的首席设计师弗拉基米尔·切洛梅正式宣布开始开发轨道载人站（OPS），代号为"钻石"（Almaz）。

"钻石"成为OKB-52设计的武器家族中最新的"宝石"（OKB-52生产的几代巡航导弹传统上以珍贵的宝石命名）。为他的巡航导弹寻找海基目标的挑战让切洛梅开始考虑轨道侦察。他是第一个提出用携带雷达的制导卫星进行监视工作的人。而配备光学和电磁传感器的载人轨道哨兵是朝着这个方向发展的下一个合乎逻辑的步骤。钻石项目承诺推进天基侦察，超越无人卫星的能力。

1965年10月27日，就在美国的约翰逊总统承诺建造MOL的两个月后，监督苏联航天工业的通用机械制造部批准了钻石计划。

按照这个钻石计划，苏联于1971年至1974年发射了一系列军事侦察空间站。总共有三个钻石号空间站发射升空，即礼炮2号、礼炮3号和礼炮5号。图1-6是礼炮3号，图1-7是礼炮5号，图1-8是从不同方位看到的礼炮2号外形。

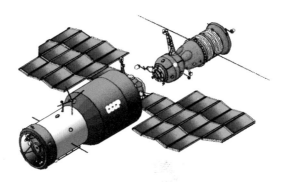

图1-6　礼炮3号

图1-7　礼炮5号

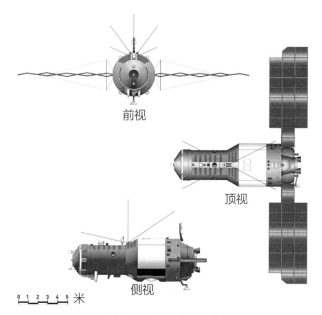

前视

顶视

0 1 2 3 4 5 米

侧视

图1-8 礼炮2号外形

　　"礼炮2号"是1973年4月3日发射的，入轨初期还算正常，在机动飞行至261千米×269千米的轨道时，空间站出现了"致命的故障"，太阳电池板和其他一些安装在空间站外部的设备与站体脱离，空间站翻滚并爆炸成25块碎片。据分析，这是由姿态控制系统故障所致。礼炮2号在轨飞行时间仅有54天。

　　"礼炮3号"于1974年6月25日发射，共携带了6个设备：分辨率为3米的照相机、遮光罩、全景相机、地形摄像机、恒星摄像机以及红外摄像机。直径一米的望远镜可以拍摄机场和导弹复合体。光学瞄准镜给了航天员一种在设施上停留的错觉。航天员可以看到船甲板上的数字和航空母舰上的飞机类型。从"联盟6号"继承的努德尔曼大炮被保留为主动防御系统，以防被宇宙飞船攻击，大炮还补充了空对空导弹。

　　1974年7月3日发射的联盟14号飞船与该空间站成功地完成了对接。两名军人航天员进入空间站并执行了16天任务。这种联盟号飞船是渡船型飞船，它不安装太阳电池板，使用蓄电池，以增强机动性和增加载荷重量，其飞行时间为2.5天。在正常情况下，对接工作用一天即可完成。此空间站的高度为219千米×270千米，轨道较低。显然，这是第一个发射成功的军用礼炮号空间站，这次航天员的主要任务是军事侦察，当然也做了些大气观测和医学实验方面的工作。

1974年8月26日，苏联发射了联盟15号飞船。由于采用的新型自动对接系统出了故障，致使其与空间站对接失败。由于飞船没有太阳电池板，没有足够的能源保证飞船停留在轨道上等待问题的解决，因此航天员必须在蓄电池能源耗尽之前返回地面。

9月23日，即联盟14号的航天员返回两个月后，联盟15号对接失败一个月后，空间站弹射出一个返回舱，并被接收。显然，这是空间站在无人工作条件下，所拍摄的胶片被送回地面。

礼炮3号是第一个一直保持相对于地球表面恒定朝向的空间站。为了实现这一点，空间站进行了多达50万次的高度控制机动。

礼炮3号还配备了防卫枪，安装在空间站的前面。如果需要指向目标，机组必须改变整个空间站的高度。

1976年6月22日，苏联发射了礼炮5号空间站，这是苏联发射的最后一个军事空间站。

礼炮5号空间站长14.55米，直径4.15米，质量为19吨；轨道的近地点高度为223千米，远地点高度为269千米，轨道倾角是51.6°，轨道周期为89分钟；在轨运行412天，围绕地球运行6666圈。图1-9给出礼炮5号的外形。

礼炮5号是第一个配备有合成孔径雷达的空间站。另外，先前的空间站的防卫枪被更换了，礼炮5号采用双发射筒无制导的固体导弹。

曾有三艘联盟号与其对接，其中两艘成功。联盟21号飞船于1976年7月6日发射，并与空间站对接成功，航天员在站上停留了49天后，于8月24日返回。

1976年10月4日发射了联盟23号飞船，在与礼炮5号交会过程中失败。

1977年2月7日发射了联盟24号飞船，其与空间站对接成功。航天员在空间站只停留了两星期便返回了。

图1-9 礼炮5号空间站

除通信制式和频段等方面不同外，军事空间站与民用空间站的主要区别有三点：一是军事空间站运行轨道较低，约200千米，便于军事侦察，但需要定期进行轨道修正；二是军事空间站飞行周期短，且需要定期弹射回侦察密封舱；三是军事空间站上大多装有高分辨率相机，室内所有航天员都是军人。

第二节　第二代空间站

第二代空间站的主要特点是均有2个对接口，即可同时接纳2艘飞船，从而能把载人与运货分开，延长了空间站的寿命和航天员的在轨时间。"礼炮6号"在轨1763.71天，"礼炮7号"在轨3215.34天。由此可见，第二代空间站与第一代空间站相比，运行时间大大增长。为了进一步提高安全性和可靠性、延长寿命和扩展应用，礼炮6号、7号空间站还采取了别的措施。例如，为克服大气阻力进行轨道调整，把空间站轨道高度由250千米提高到350千米，以节省推进剂的消耗。实验和运行表明，由于第一代空间站采用低轨道，所以为了

克服大气阻力要进行轨道调整，必须消耗更多的推进剂。如果其轨道高度保持在250千米，每年消耗推进剂为4.75吨；如果轨道提高到350千米，则推进剂消耗每年只需600千克。为此，第二代空间站采用了较高的轨道。

第二代礼炮号空间站的外形尺寸大体与礼炮4号相同，但也做了不少改进。除增加1个对接口外，空间站内壁隔音层的厚度增加了百分之五，以降低空间站内的环境噪声。其他改进之处是：

① 增加了1个居住舱，即中间舱，中间舱壳体焊接于工作舱后部，通过1个密封舱与工作舱连接，中间舱的另一端装有2个对接装置，用于停靠载人或货运飞船。

② 更换了新的发动机及控制系统。为了保证变轨、交会和对接的可靠性，空间站上安装了一个先进的综合自动控制系统。温度调节和姿态控制系统安装在空间站的末端。使用了带有陀螺仪的卡斯卡德（KASKAD）系统，可以准确地确定出空间站相对于地球的方位。同时，通过能够测量离子风流动的离子传感器，可确定出空间站的飞行方向。第二代礼炮号空间站上的德尔塔导航系统采用了礼炮2M型星载计算机，可以连续地读出无线电高度计、径向速度计和太阳传感器中的参数，从而预报出24小时的空间站位置，并能自动确定飞行轨道参数，控制通信时间。收集到的数据可以在礼炮2M型星载计算机内长期存储，也可以在荧光屏上显示或用电传机打印出来。这套导航系统的精度是：地面坐标误差2～3千米，高度误差为几百米。

③ 为了进行舱外活动，增设了供航天员出舱用的气闸舱和航天服，航天员可借此进入开放的太空。

④ 空间站内的生命保障系统和废物处理及水再生系统也进一步做了标准化改造，增加了淋浴设备等，其中在礼炮7号空间站上还增设了由进步号货运飞船提供的饮水用的供水系统。

⑤ 服务舱变为一个等直径（4.15米）的圆柱体，里面安装有主要的科学仪器和实验设备，其中有空间站最大的科学仪器BST-1M亚毫米望远镜和MKF-6M多光谱相机。同时在太阳电池阵的布局上也进行了大的改变。

工作舱是航天员工作与生活的地方，由两个长度分别为3.5米和4.5米、直径分别为2.9米和4.15米的圆柱体组成，分别称为第一、第二工作舱。其间由一个1.2米长的截锥体相连接。第二工作舱即第一代礼炮号空间站上的设备舱，第一代的设备舱，其尾部端面装有一台轨道修正发动机装置，在舱体周围还装有姿态控制推力器。而第二代礼炮号空间站上的这一部分为了安装第二个对接装置已经做了重新设计。

第一代礼炮号空间站的工作寿命是由姿态控制推力器所携带的推进剂量决定的。为了延长礼炮号空间站的工作寿命，苏联对第二代礼炮号空间站的发动机系统和推进剂供应系统做了重大的改进。不论是主发动机（两个推力室在对接装置两侧），还是姿态控制推力器（分四组呈"+"形排列在设备舱尾端四周），都使用相同的燃烧剂和氧化剂，并由相同的推进剂箱供应。

一、礼炮6号

礼炮6号空间站于1977年9月29日进入轨道，该空间站的设计寿命为1.5年，1982年7月29日坠毁，共飞行了1760多天，有人工作时间累计达到了940天。在长达近五年的时间中，共接待过33艘飞船和一个空间舱。在33艘飞船中，联盟号飞船16艘、联盟T号飞船4艘、进步号货运飞船12艘、无人驾驶飞船1艘。共有33名航天员，分16组进入礼炮6号，其顺序是联盟26、27、28、29、30、31、32、35、36、T2、37、38、T3、T4、39、40。另有4人，分成两组试图对接，但没有成功：一组是联盟25号飞船对接失败；另一组是联盟22号飞船飞行时发动机出现故障。在所有登上空间站的航天员中，有五组停留时间较长，最长的是联盟35号上的波波夫、柳明和库巴索夫，他们停留了185天。其他多是对空间站进行短期任务的访问，大约停留8天，带去新的实验设备，带回做完实验的结果。1980年11月27日发射的联盟T3号成了在联盟11号之后首次运载三名航天员的飞船。

1981年4月25日，苏联成功地发射了一个称为"宇宙1267"的无人舱体与礼

炮6号空间站对接，这是一次模块式空间站的实验，为将来和平号空间站的建立提供了依据。这个无人舱体与礼炮6号空间站对接飞行458天，于1982年7月29日坠毁。

礼炮6号携带的主要仪器是多光谱望远镜，能在红外、紫外及亚毫米波范围进行天文观测。第二个主要仪器是多光谱摄像机，分辨率为20米。

为了进一步扩展科学能力，礼炮6号配备了20个用于观测的舷窗、两个科学气闸舱，将设备暴露在太空。进步号货运飞船后来还带去了另外的望远镜，进行射电观测。图1-10～图1-12给出礼炮6号空间站的外形、剖面、结构和整体特征图。

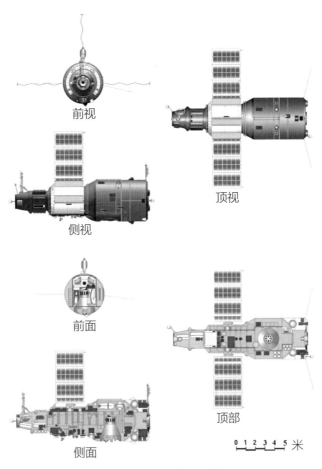

前视

顶视

侧视

前面

0 1 2 3 4 5 米

顶部

侧面

图1-10　礼炮6号外形和剖面图

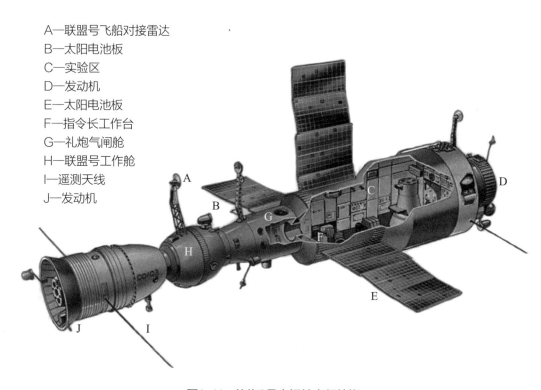

A—联盟号飞船对接雷达
B—太阳电池板
C—实验区
D—发动机
E—太阳电池板
F—指令长工作台
G—礼炮气闸舱
H—联盟号工作舱
I—遥测天线
J—发动机

图1-11　礼炮6号空间站内部结构

图1-12　礼炮6号整体特征

二、礼炮7号

礼炮7号空间站于1982年4月19日射入轨道，在轨道共运行了3214天，1991年2月7日莫斯科时间6时47分，礼炮7号/宇宙1688号联合体进入南美上空的稠密大气层，落在阿根廷领土上离智利边境不远的安第斯山脉地区。在轨道运行中，联盟T5至联盟T14号曾试图与它对接，除联盟T8号对接失败外，有9艘联盟T号对接成功，图1-13为礼炮7号与联盟T7号飞船对接示意图。还有12艘进步号货运飞船和两个空间站舱体[宇宙1443号（图1-14）和宇宙1688号]与其对接成功。礼炮7号空间站的载人空间飞行时间最长的一次是237天，由联盟T10号三名航天员——基齐姆、索洛维约夫和阿季科夫共同创造。礼炮7号空间站飞行期间，航天员们施放了两颗分别重28千克的业务无线电通信卫星。苏联第二名女航天员萨维茨卡娅乘联盟T7和联盟T12号两次登上空间站，并在1984年进行了太空行走，成为世界上第一个太空行走的女航天员。

图1-13　礼炮7号与联盟T7号飞船对接

礼炮7号空间站在运行中，曾发生一些故障，是航天员对其进行了必要的部件更换和修复工作，提高了礼炮7号空间站的可靠性，延长了飞行周期。图1-15为礼炮7号的太空飞行示意图。

通过研制及运行礼炮6号和礼炮7号这两个简易空间站，苏联积累

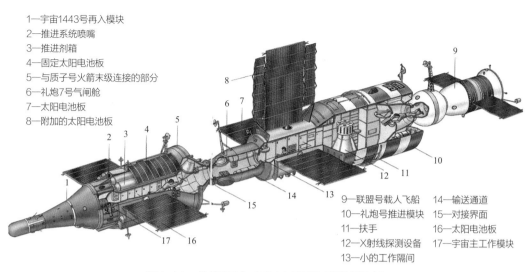

1—宇宙1443号再入模块
2—推进系统喷嘴
3—推进剂箱
4—固定太阳电池板
5—与质子号火箭末级连接的部分
6—礼炮7号气闸舱
7—太阳电池板
8—附加的太阳电池板

9—联盟号载人飞船　　14—输送通道
10—礼炮号推进模块　　15—对接界面
11—扶手　　　　　　　16—太阳电池板
12—X射线探测设备　　 17—宇宙主工作模块
13—小的工作隔间

图1-14　礼炮7号与宇宙1443号和联盟号飞船

图1-15　礼炮7号的太空飞行示意图

了相当丰富的载人航天经验，其研制多模块式的大型轨道设施的时机已经成熟。

三、天空实验室

美国的天空实验室（Skylab）全长26.3米，直径6.7米，轨道质量约77吨，充压体积319.83立方米。主体是由土星5号运载火箭的第三级改造而成的。轨道的近地点为434千米，远地点为441.9千米，轨道倾角50°，轨道周期93.4分钟。

天空实验室由5部分组成：

① 轨道工场（也称土星工场，因为是用土星火箭的外壳制造的）是航天员生活与工作的区域；

② 气闸舱模块，为航天员太空行走提供出入通道；

③ 阿波罗望远镜设备，用于研究太阳等恒星和地球；

④ 多用途对接舱，允许同时有1艘以上的飞船与空间站对接；

⑤ 仪器单元，用于引导空间站入轨，防止负载防护罩脱落，激活站内生命保障系统，启动太阳惯性高度机动，以90°角展开阿波罗望远镜，展开天空实验室的太阳电池板。

天空实验室的科学目标包括：①观测和研究太阳；②研究微重力；③观测地球；④检验长期太空飞行对人体的影响；⑤帮助人们了解在太空如何生活和工作；⑥进行多种科学和技术实验，如微重力环境下金属晶体是怎样生长的；⑦研究地球轨道实验室的功能。

图1-16给出天空实验室在太空的情景，图1-17和图1-18给出天空实验室的内外结构。

1973年5月14日，美国用两级的土星5号火箭发射了试验性天空实验室的主体，此次发射不载人。

图1-16 天空实验室

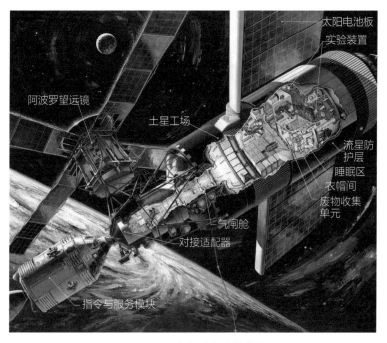

图1-17 天空实验室内外结构1

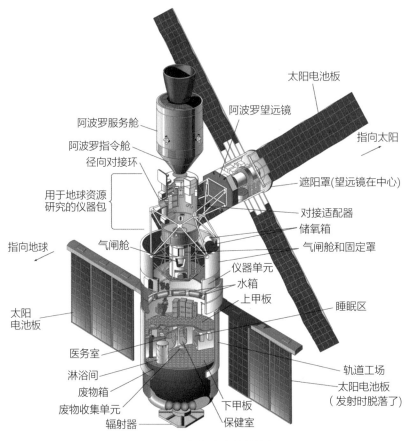

图1-18　天空实验室内外结构2

太阳电池板
阿波罗望远镜
指向太阳
阿波罗服务舱
阿波罗指令舱
径向对接环
用于地球资源研究的仪器包
遮阳罩(望远镜在中心)
对接适配器
储氧箱
气闸舱
气闸舱和固定罩
指向地球
仪器单元
水箱
上甲板
睡眠区
太阳电池板
医务室
淋浴间
废物箱
废物收集单元
下甲板
辐射器
保健室
轨道工场
太阳电池板（发射时脱落了）

　　或者是好事多磨，或者是欲速则不达，天空实验室在发射过程中，它的铝制流星防护层被撕裂。两块主要太阳电池板中，一块脱落，一块被撕裂的铝条缠住没有展开。这使供电量减少一半，电力严重不足。同时，因太阳电池板除供电外，还起遮阳的作用，所以"轨道工场"处在太阳暴晒之中，场内温度平均达41℃。

　　1973年5月25日，美国用土星1B号运载火箭将天空实验室2号（Skylab 2）送入太空，Skylab 2实际上是阿波罗飞船（阿波罗号宇宙飞船）的指令与服务舱。这是美国"天空实验室计划"的首次载人航天任务，共乘坐3名航天员。"天空实验室2号"也是人类探索太空的里程碑式任务。该任务是人类第一次成功地将航天员送上位于地球轨道的空间站，并且顺利返回。之前苏联的空间站礼炮1号及联盟11号在完成对接、分离任务后返回地球时，返回舱的压力调节阀门损坏，造成3名航天员窒息而亡，因此该任务并未完成。因此，天空实验室2号仍然是第一次成功的载人空间站任务。

在1973年5月26日到9月22日期间，航天员共进行了三次太空行走。主要任务是要修复之前发射的空间站。空间站的护罩和一块太阳电池板在发射时脱落，剩下的主电池板也发生了故障。航天员必须抓紧时间修复，因为工作舱内逐渐升高的温度会导致舱内存在有害气体，也会使储存的食物腐坏。

在近一个月的时间中，天空实验室2号上的航天员修复了之前损坏的部分仪器，完成了一系列的太空医学实验，收集太阳和地球科学数据，共进行了总计长达392小时的实验。在任务中，几人成功地用阿波罗望远镜观测到一次长达两分钟的太阳耀斑活动。三名航天员在太空中一共执行了28天任务，是美国之前太空任务纪录的两倍。1973年6月22日，任务结束。飞船的返回舱坠入太平洋，几名航天员被等候在9.7千米外参加NASA（美国国家航空和航天局，简称美国航天局）搜救任务的提康德罗加号航空母舰救起。天空实验室2号创下了当时人类太空最长飞行时间、最长飞行距离、最大荷载质量等多个纪录。

天空实验室3号（Skylab 3）承担了天空实验室计划的第二次载人航天飞行的任务。它于1973年7月28日由土星1B号运载火箭发射，载三名航天员，共飞行59天11小时9分钟。航天员们在天空实验室内进行医学实验、太阳观察、地球资源探索和其他科学实验，共计1084.7个应用小时。从1973年7月28日至9月25日，航天员在天空实验室内共停留58天15小时39分钟42秒，共进行了3次太空行走。图1-19是Skylab 3到达时看见的天空实验室。

图1-19　Skylab 3到达时看见的天空实验室

　　航天员在第一次舱外活动时装置了一个太阳罩，来保持实验室内冷。天空实验室3号继续了天空实验室2号的医学实验来研究人体对太空飞行的适应，在所有天空实验室载人任务中都包括一组核心医学研究。在天空实验室3号的核心研究中，航天员除了进行了在天空实验室2号的实验，而且还结合了天空实验室2号的结果进行了下一步研究。

　　天空实验室2号的医学实验结果显示了明显的人体体液向头部流的现象。天空实验室3号因此增加了人体躯干和腰的测量，其他新的测量包括测量动脉血流、静脉情况、血红蛋白、尿量，并在起飞前和起飞间拍摄面部照片。这些测量收集了体液分布和平衡的数据，使得医学家能够更好地理解人体体液分布的现象。

天空实验室3号的生物学实验包括微重力对鼠、果蝇与人的单个细胞和细胞培养基的影响。实验中使用的人体细胞是肺细胞。动物实验包括对鼠的生物钟的研究和对黑腹果蝇昼夜节律的研究。但是由于起飞30分钟后的一次停电事故使得所有动物死亡，因此实验不成功。

美国的许多高校学生参加了天空实验室的研究，他们是天文学、物理学和基础生物学实验的主要研究员。在天空实验室3号上进行的学生实验包括振动云、木星X射线、试管免疫学、蛛网形成、细胞液流、质量测量和中子分析。

此次还收集了乘员的牙齿健康以及实验室的环境、微生物、辐射和毒剂数据来估测乘员的健康状态。

图1-20是由阿波罗望远镜拍摄到的日珥；图1-21给出航天员在站内睡觉的情况，他用带子系住身体，以确保安全。

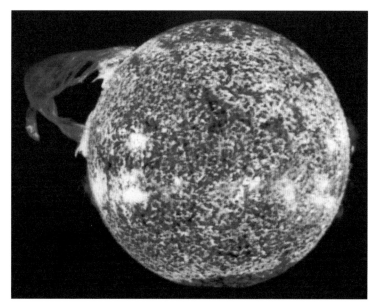

图1-20　阿波罗望远镜拍摄到的日珥

图1-21 航天员在睡觉

Skylab在载人航天中心设计和建造的轨道工场的工作和实验部分有一个零重力淋浴系统，它有一个从地板到天花板的圆柱形窗帘和一个吸走水的真空系统。淋浴间的地板有脚约束。洗澡时，用户将一瓶加压的温水连接到淋浴器的管道上，然后走进淋浴间并固定浴帘。一个按钮式淋浴喷头通过一根坚硬的软管连接到淋浴器的顶部。每次淋浴大约要用2.8升水，水从个人卫生水箱中抽取。液体肥皂和水的使用都经过仔细计划，足够每人每周淋浴一次。第一个使用太空淋浴的航天员是第一个载人任务Skylab 2上的Paul J. Weitz。他说："使用时间比你预期的要长，但你闻起来很香"。Skylab上淋浴大约需要两个半小时，包括设置淋浴和消散用过的水的时间。操作淋浴的程序如下：

① 将加压水瓶装满热水并将其固定在天花板上；

② 连接软管并拉起浴帘；

③ 向下喷水；

④ 涂抹液体肥皂并喷更多的水进行冲洗；

⑤ 用吸尘器吸掉所有液体并存放物品。

在太空中沐浴的一大问题是控制水滴，以免因它们飘浮到错误的区域而导致电气短路，因此，吸走水的真空系统是淋浴系统的组成部分。将真空输送到离心分离器、过滤器和收集袋，以使系统对流体进行抽真空。将废水注入处理袋中，然后将其放入废物箱中。Skylab还为航天员提供人造丝毛圈布毛巾，该毛巾为每位航天员提供了彩色缝线，Skylab最初有420条毛巾。

在为期56天的SMEAT❶期间，使用了模拟的Skylab淋浴，工作人员在锻炼后使用了淋浴，并认为这是一次积极的体验。

1973年11月16日，第三批3名航天员进入"轨道工场"，他们在空间站内停留的重点任务是对地面进行战略侦察，拍摄地面照片20000张，记录资料磁带45000米，也对太阳和康浩特彗星进行了观测，拍摄照片75000张，在太空生活84天1小时16分，进行了4次太空行走，用时22小时16分。

图1-22为航天员在空间站进行太空行走的照片。

由于阿波罗飞船所剩无几，此后"轨道工场"在无人状态下飞行，而原计划与它配套的航天飞机，在它于1979年7月11日坠毁时仍无法问世。

"天空实验室"计划取得的成就如下。

在天文学领域，第一次观测到一个新彗星——"科候特克彗星"，并拍摄了33张色彩丰富、非常清晰的彗星照片。这颗彗星的轨道周期大约15万年，上次到近日点附近大约在75000年前（截至1973年12

图1-22 航天员Garriott进行太空行走

---

❶ 天空实验室医学实验高度测试（SMEAT）是1972年7月26日至9月19日在美国天空实验室载人航天中心进行的一项模拟太空任务。

月28日），下一次到近日点是在大约75000年以后。这也是第一颗由载人航天器观测到的彗星，这些图片对于研究彗星组成有重要价值。

在太阳观测方面，拍摄到一次太阳耀斑爆发的全过程，部分图片见图1-23。此外，拍摄的有关太阳X射线、紫外线、可见光谱段的照片多达75000张。观测太阳的项目包括太阳的紫外和X射线发射、太阳日冕、太阳耀斑和活动区特性等。

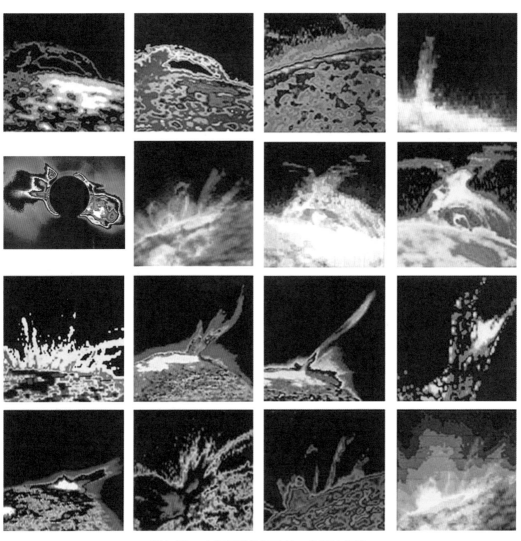

图1-23　太阳爆发性活动的一些图片集锦

图说空间站的科学

在生物学领域，航天员们研究了植物在太空中生长与在地球上生长是否不同的问题，研究了细菌在太空的生长情况。

航天员在天空实验室进行的技术实验还有：利用电炉和电子束枪进行了空间焊接实验，后来证明焊接质量优于地面；进行了晶体生长实验、半导体掺杂实验，生长出的晶体长达2厘米，比预期的长6倍；制造了全新的金锗化合物，这是一种低温下的超导材料。这些工作为太空生产积累了经验。

天空实验室为以后的载人航天空间科学实验积累了经验。同时，也证明了人在空间站的重要作用，特别是证明了人具有完成空间操作和航天器维修的能力。

第三节　第三代空间站

一、美苏载人航天不同的路线

苏联首先陆续发射礼炮1号～5号5座单模块舱段式试验性空间站，用于试验空间站的有关技术，摸索建站的经验；在具有一定的技术基础和取得一定经验后再发射第二代空间站礼炮6号和7号，这种空间站已经具有相当的实用性；在完善单模块空间站的基础上，结合成熟的技术和部件，最终建造出多模块积木式长久性的第三代空间站——和平号空间站。

苏联在设计和发展礼炮系列空间站时，遵循的原则是简单性、通用性、渐改性。它们大量应用了联盟号飞船的技术和成果，包括生命保障系统等。这些基本设备和系统不必作大的改动就可直接用于"礼炮"，因此不需要重新发展高难度的技术。此外，为了缩短研制时间，"礼炮"采用比较简单的外形结构，体积也能适应已有运载火箭运载能力一次发射的限制，所以比较容易实

现，减少了难度和风险。

但礼炮号的缺点也是很明显的，如规模小，不易扩展，从而限制了有效载荷的规模和在太空的停留时间。和平号多模块积木式空间站正是在这种背景下问世的，其最主要的特点是：虽然其核心舱仍采用舱段式构型，但有6个对接口，这6个对接口除用于对接飞船外，还连接了5个实验舱。

实践证明，苏联的循序渐进方式比较好。要针对实用性空间站的要求来设计试验性空间站，但不能要求太高；太空交会对接技术是基础、是关键，要熟练掌握并不断改进；对接口数量和货运飞船是影响空间站规模的重要因素；航天员的居住时间需逐渐增加，要不断提高生命保障系统的功能和质量；另外，适当提高空间站轨道高度可节省轨道机动所需要的燃料，延长轨道生命。

苏联发展空间站的经验表明，对于没有载人航天经验的国家来说，先发展试验性空间站是一种很好的选择，空间站的规模应与天地往返运输系统的能力相适应，核心舱是研制多模块空间站的关键。

从外形看，苏联试验性空间站和实用性空间站很相似，其主要区别是：

① 前者在轨寿命通常低于5年，而后者的在轨寿命则为5～10年或更长；

② 前者的规模较小，对接口也少，没有扩展能力，而后者对接口多，能同时对接载人航天器和货物运输器或专用实验舱；

③ 前者的航天员一次在轨时间一般较短，大多为几十天，而后者的航天员一次在轨时间大多为上百天；

④ 前者的燃料和消耗品原则上要一次带足，而后者则是用货运飞船定期进行多次补给；

⑤ 前者的有效载荷设备很少更换，而后者可多次更换和增加实验仪器；

⑥ 前者的航天员一般不进行航天器的维修工作，只进行实验、训练等，而后者的航天员要经常进行维修工作。

由此可见，实用性空间站已经有很大的发展，但建设多模块空间站，仍然面临许多技术挑战。

美国天空实验室的技术水平高于苏联的礼炮号，但天空实验室坠毁后，美国的主要兴趣转向了航天飞机，没有继续发展空间站。

二、和平号空间站的结构

和平号空间站有6个经常在轨的组件，即核心舱、量子1号天体物理舱、量子2号实验舱、晶体号实验舱、光谱号遥感舱和自然号地球观测舱。美国航天局为其提供了一个专门用于与航天飞机对接用的对接舱。

和平号空间站的第一个部件"核心舱"于1986年2月20日发射入轨，1996年4月26日将最后一个舱自然号发射升空，整个空间站的建设历时10年。

建成后的和平号空间站长19米，宽31米，高27.5米，质量为129700千克，充压体积为350立方米。轨道的近地点为354千米，远地点374千米，倾角为51.6°，轨道周期为91.9分钟。在轨时间为5509天，于2001年3月23日坠入大气层。

图1-24是和平号空间站整体结构示意图，图1-25是在轨运行的和平号空间站。

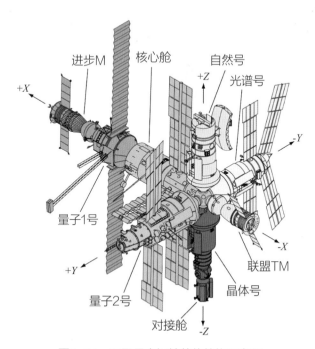

图1-24　和平号空间站整体结构示意图

图1-25　在轨道上运行的和平号空间站

和平号空间站作为一个主体，具有六个对接口，可以与多个舱体在空间实施模块式对接，形成多次重复组合的庞大空间站体系。各舱体是相互独立的，显然，很容易按需扩展，可对接上各种科研、资源、载人、生活和货运飞船，从而也就弥补了第一、二代空间站的不足之处，使得空间站体系的功能和规模均有较大改善和提高。

和平号空间站与礼炮号空间站的两个不同点：对接舱的存在是和平号技术改进的重点，其上装有新型的对接机构，新型的"雌雄同体——周边式"对接机构在性能上远远优于过去的对接机构，它的外形尺寸较小，但具有很大的支撑能力，对接物体的质量可达1.8 ~ 100吨；和平号空间站增加了机械臂。

1. 核心舱

核心舱是和平号空间站第一个发射升空的组件。它在1986年2月20日被质子-K运载火箭从苏联的拜科努尔航天发射场发射升空，长13.13米，直径4.15米，活动空间90立方米，质量20400千克，翼展20.73米。

核心舱的主要任务是作为航天员日常的娱乐及生活空间，配置了厕所和健身、医疗、娱乐影音设备，船舱的两头可以睡觉，还有一些私人空间。

核心舱的设计基于礼炮6号和礼炮7号，差别主要在于计算机系统和太阳电池板。目标设定为可以为两名航天员提供舒适的独立居室，并且有六个对接口。其中四个位于核心舱的前端辐射状的节点上，被称为停泊港，用于空间站的扩展。另外两个对接口侧向排列，一个位于节点，一个位于舱室的尾部，这两个是计划为联盟以及进步号飞船做对接预留的。

核心舱在空间站中的位置如图1-26所示。

图1-26 核心舱在空间站中的位置示意

2. 量子1号天体物理舱

量子1号是第二个发射升空的和平号空间站模块，也是第一个与核心舱对接的模块。1987年3月31日发射，4月9日与和平号空间站对接。

量子1号由2个充压的工作室和一个不充压的实验室以及一个小的气闸舱组成，充压的工作室容积为40立方米。也携带了附加的生命支持系统，包括氧发生器和排除空气中二氧化碳的设备。全长5.3米，最大直径为4.5米，发射质量为20600千克。

量子1号载有天体物理学观测设备和材料科学实验设备，用于研究活动星系、类星体和中子星，以及超新星SN1987，同时还支持生物技术实验。这些设备包括X射线望远镜设备、紫外望远镜、磁质谱仪、电泳仪和研究电离层和磁层的设备。X射线望远镜设备具体包括4个仪器：编码成像谱仪、气体闪烁正比计数器、高能X射线实验设备、脉冲星X-1/X射线/伽马射线（20～1300千电子伏）探测器。

为了确保天文观测的质量，量子1号携带了2个地球水平传感器、2个恒星传感器和3个恒星跟踪器。量子1号还配备了6个陀螺，能以极高的精度对整个空间站定向。

图1-27的右上角为量子1号，主图显示了量子1号在这个空间站中的位置。

3. 量子2号实验舱

量子2号是和平号空间站的第一个径向舱，由三个主要部分组成主体结构：气闸舱、科学设备舱和服务存贮舱。其主要功用是扩展和平号空间站，给空间站提供新的科学实验仪器、更好的生命支持系统，并作为舱外活动的通道和出入口。

量子2号长12.2米，直径4.35米，质量19640千克，可居住空间61.9立方米，翼展24米。

它于1989年11月26日发射升空，12月8日，在机械臂的帮助下，从前轴

向对接口转移到径向对接口处与之对接。至此，和平号空间站复合成了"L"形在轨道上运行。图1-28给出量子2号在空间站的位置，右上角小图显示了量子2号的外形。

图1-27　量子1号天体物理舱

图1-28　量子2号在空间站的位置

量子2号致力于生命科学、材料科学以及地球观测实验的研究，还携带了大量改善空间站生活条件的设备，包括从循环水中电解氧气的设备、一个供水设备、两个水再生系统、卫生系统、一个淋浴设备以及一个气密室。在气密室中还有一个用于舱外活动的背包式设备，这个设备可以增强航天员的太空行走能力以及完成一些复杂任务。

量子2号上的主要科学设备有：X射线谱仪、红外光谱仪、宇宙尘埃探测器、伽马射线谱仪、摄像机、地球资源胶片摄像机、可见光谱仪、鸟蛋孵化器、带电粒子探测器、电视摄像机。

4. 晶体号实验舱

晶体号实验舱（简称晶体舱）于1990年5月31日发射升空，6月10日，在机械臂的帮助下，与量子2号相对应的对接口实现了对接。晶体舱由两个密封舱组成：仪器载荷舱和仪表对接舱。全长为11.9米，最大直径为4.35米，舱内的密封总容积为60.8立方米，总质量为19.64吨（其中含有7吨负载）。

晶体舱是和平号空间站的第二个径向舱，其主要功用是：在空间飞行条件下，获得特殊性能的结构材料、电子器件、生物制剂和植物栽培工艺；增强地球资源勘察和天体物理实验的能力；作为航天飞机停靠的"码头"。显然，晶体舱更增加了和平号空间站的功能，为长期载人飞行带来了更加有利的条件。

晶体舱在空间站的位置如图1-29。

晶体舱有一个多用途实验室，用于技术和材料处理实验、天体物理学和地球物理学研究。

材料处理有5个实验设备，在$10^{-3}g$到$10^{-5}g$的微重力环境下生产高纯度的二氧化镓、二氧化砷和二氧化锌晶体，生产铬单晶和多种半导体产品。这些设备能生产100千克特殊材料，其中4个半导体炉，7个月内生产了价值1000万美元的空间材料。

生物技术实验设备能进行6个实验项目，包括温室效应实验。

天文紫外观测设备用于探测亮度到18星等的天体。

图1-29　晶体舱在空间站的位置

5. 光谱号遥感舱

1995年5月20日，光谱号遥感舱（简称光谱舱）由SL-13质子号火箭发射，总质量约200吨。主要用于遥感观测地球环境，包括大气层和表面，还可用于研究生物医学等。1997年6月25日，俄进步号货运飞船与和平号对接时发生碰撞，将光谱舱撞坏并导致空间站外壳损伤，致使光谱舱段被迫关闭，部分氧气泄漏，动力系统也受到影响。光谱舱还安装有一个小型的外部操纵器，这个操纵器可以用于部署小型卫星。

光谱舱携带的主要科学仪器包括：

① 辐射计。

② 大气层微量成分探测器。

③ 激光雷达，用于测量上层云的高度，分辨率为4.5米。

④ 光度计。

⑤ 星际气体探测器。

⑥ 吸收谱仪，测量中性大气成分。

⑦ 辨别弹道导弹弹头和卫星的传感器。

⑧ 跟踪弹道导弹再入的雷达系统。

⑨ 定向微波能量实验系统。

⑩ 辨别再入工具和诱饵的多光谱仪器。

图1-30给出光谱舱的内部环境，图1-31给出光谱舱在空间站的位置。

6. 自然号地球观测舱

自然号地球观测舱（简称自然舱）是和平号空间站的第六个，也是最后一个发射的实验舱，其基本目的是利用遥感技术进行地球资源实验，同时也是为了进一步发展遥感技术。

自然舱于1996年4月27日升空，长约9.7米，直径4.35米，总质量19.7吨。有一个未充压的仪器舱和一个适宜居住的负载舱，充压体积66立方米。

遥感仪器包括：

① 激光雷达，用于测量云的高度、结构和光学特性，垂直分辨率为150米，水平分辨率为1千米。

② 400兆赫接收机，用于接收海洋浮标数据。

③ 用于研究气体和气溶胶的干涉仪。

④ 海洋高度计，分辨率为10厘米，幅宽2.5千米。

⑤ 星下点微波辐射计，幅宽60千米，温度分辨率为0.15开。

⑥ 扫描微波辐射计系统，幅宽400千米，温度分辨率为0.15 ~ 0.5开。

⑦ 微波辐射计，温度分辨率为0.15开。

⑧ 红外辐射计，幅宽7千米，空间分辨率为0.7千米×2.8千米。

⑨ 光谱仪，测量气溶胶剖面及海洋反射率，幅宽80千米，分辨率700米。

⑩ 地球成像仪，多光谱，立体成像或高分辨率成像，分辨率为6千米。

⑪ 高分辨率光学扫描仪，分辨率为10米。

⑫ 臭氧M光谱仪，用于测量臭氧/气溶胶剖面，高度分辨率为1千米。

⑬ 合成孔径雷达，幅宽50千米，分辨率为50米。

图1-30 光谱舱内部

图1-31 光谱舱在空间站的位置

图1-32给出自然舱在空间站的位置。

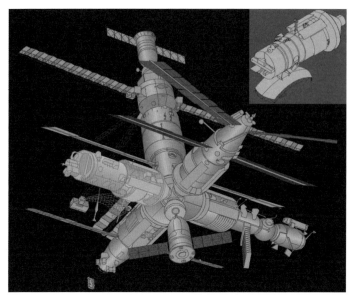

图1-32　自然舱在空间站的位置

三、和平号空间站的国际合作

1. 和平号-航天飞机计划

　　和平号-航天飞机计划是1993年由时任美国副总统的戈尔和当时的俄罗斯总理切尔诺梅尔金共同宣布的一项新的美俄合作计划，内容包括：美国的航天飞机访问俄罗斯的和平号空间站，俄罗斯的航天员使用美国的航天飞机，美国航天员乘联盟号飞船入住和平号空间站。这个计划有时也称"阶段一"，在此基础上发展到"阶段二"，即美俄建设国际空间站。

　　1994年2月3日，第一架执行和平号-航天飞机计划的发现号航天飞机升空，乘员中有一名俄罗斯航天员，这标志着两国进行了长达37年的太空竞赛后，开始了太空合作。在飞行过程中，与和平号空间站的航天员进行了语音和视频联络，但没有与之交会对接。

图1-33 俄罗斯航天员观看航天飞机与和平号空间站交会过程

图1-34 对接后的航天飞机与空间站

1995年2月3日发射的STS-63号航天飞机，第一次执行了与和平号空间站交会的任务。它围绕和平号飞行，为STS-71与和平号对接做准备。图1-33是和平号空间站上的俄罗斯航天员透过核心舱的窗口观看航天飞机与和平号空间站交会的情景。

于1995年6月27日发射的STS-71（亚特兰蒂斯号），是第一次与和平号空间站对接的航天飞机。对接成功后，航天飞机-和平号联合体成为太空中最大的航天器，总重225吨。对接状态持续了4天22小时9分26秒。图1-34给出对接后的航天飞机与空间站。

亚特兰蒂斯号航天飞机此次飞行有6名机组人员，与和平号空间站对接时，站内还有和平号第18和19机组人员。

1995年7月4日，亚特兰蒂斯号航天飞机与和平号空间站分离，同航天飞机一起返回地球的还有和平号第18机组的2名航天员，这样，航天飞机又创造了一项纪录，即同时搭载8名航天员。

此后，又有STS-74（1995年11月）、STS-76（1996年3月）、STS-79（1996年8月）、STS-81（1997年1月）、STS-84（1997年5月）、STS-86（1997年9月）、STS-89（1998年1月）和STS-91（1998年6月）号航天飞机与和平号空间站交会对接。图1-35给出航天飞机与和平号对接后近景。图1-36是最后访问的航天飞机STS-91与和平号分离后拍摄的照片。

在执行和平号-航天飞机计划期间，美俄两国的科学家开展了一系列科学实验活动，具体内容涉及8个方面：①高技术，有8项实验；②地球科学，有3项实验；③基础生物学，有12项实验；④生命科学，有10项实验；⑤减轻国际空间站的风险，有11项实验；⑥生命保障，有4项实验；⑦微重力，有27项实验；⑧空间科学，有2项实验。

图1-35　航天飞机与和平号对接后近景

图1-36 STS-91与和平号分离后拍摄的照片

2. 国际科学考察计划

据统计，15年来，和平号空间站总在轨运行3644天，共绕地球飞行了8万多圈，行程35亿千米，共有31艘联盟号载人飞船、62艘进步号货运飞船、10架航天飞机与和平号实现对接，航天员在和平号上进行了80次太空行走，在舱外空间逗留的总时长达359小时12分钟。先后有28个长期考察组和16个短期考察组在上面从事考察活动，共有俄罗斯、美国、英国、法国、德国、日本、叙利亚、保加利亚、阿富汗、奥地利、加拿大、斯洛伐克12个国家的104名航天员在空间站上工作。这些航天员共进行了1.65万次科学实验，其中完成了23项国际科学考察计划，获得了大量知识、数据和具有重大使用价值的成果。航天员们还拍摄了许多恒星、行星的照片，进行了基本粒子和宇宙射线的探测，大大扩展了人类对宇宙的认识。他们还探测了从太空预报地震、火山爆发、水灾及其他自然灾害的可能性。航天员在太空生活的经验为进行长期星际飞行提供了医学保障。

美国航天员露茜德从1996年3月22日到9月26日在和平号空间站停留了179天，这次任务她连续在太空停留了188天（包括乘坐航天飞机的9天），成为在太空停留时间最长的女性。这项纪录一直保持到2007年6月16日，被另一位NASA女航天员威廉姆斯打破（在国际空间站连续停留195天）。

第四节　国际空间站

一、国际空间站的由来

现在的国际空间站来自几个国家空间站计划的组合，即俄罗斯/苏联的和平2号空间站计划、NASA的自由号空间站计划（包括日本的希望号实验舱）和欧洲的哥伦布空间站计划，加拿大为这些计划提供机械手。

在20世纪80年代，NASA计划发射一个叫作自由号的模块空间站，作为与苏联礼炮号及和平号空间站的竞争对象。1984年，ESA（欧洲空间局，简称欧空局）被邀请参加自由号空间站计划，ESA将在1987年提供哥伦布实验舱。1985年，日本的希望号实验舱也准备加入自由号空间站计划。

1. 和平2号空间站计划

为了保持在空间站方面的技术优势，苏联在发射和平号空间站前10年，即1976年2月，就已经开展了其后继者和平2号的研制工作。和平2号空间站计划经历了许多变化，但有一点始终未变，就是以DOS-8为核心舱。DOS-8是在DOS-7的基础上发展的，后者是和平号空间站的核心舱。

和平2号空间站与和平号属于同一型号，规模也很大，具有多个对接口。但在结构上有较大变化，主要是考虑到如何避免和平号在运行中存在的问题。

和平号最大、最致命的缺陷就是其动力供应不稳定，这是由于和平号表面的太阳电池板安排得太过密集并且十分接近和平号的主体舱，使得和平号的主体舱经常挡住太阳电池板的部分阳光，从而导致和平号动力供应出现问题。和平2号的设计将吸取这一教训，以保证动力供应的稳定。此外，和平号的控制系统也一直问题丛生，为了防止这一问题再次出现，和平2号的设计将在其控制系统方面采用新技术。此外，和平2号运行轨道的倾斜度也由和平号的51.6°改为65°，这样和平2号的轨道就可以覆盖整个俄罗斯领土，这是和平号无法做到的。

根据这样的思路，和平2号前部对接口连接的不是舱段或者飞船，而是一根与核心舱差不多长但是细很多的增压通道，通道的另一头才是对接口。这根细长增压通道的功能部分类似自由号的桁架，太阳电池板对称地安装在增压通道上，这样核心舱外壁就有空间安装机械臂。图1-37是和平2号在太空运行的示意图。

2. 自由号空间站计划

"天空实验室"计划的成功使NASA上下为之振奋，未来空间站的探索工作也随之进入了新阶段。1984年1月25日，美国总统里根正式提出美国将在未来十年内发展永久空间站。

图1-37 和平2号在太空运行示意图

图1-38 动力塔

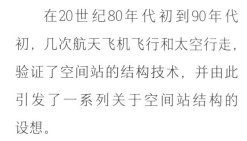

在20世纪80年代初到90年代初，几次航天飞机飞行和太空行走，验证了空间站的结构技术，并由此引发了一系列关于空间站结构的设想。

（1）动力塔

"动力塔"（见图1-38）的概念是在1984年提出来的。在这种设计方案中，有一个长的中心龙骨架，空间站的大部分质量都集中在塔的两端。这种结构有利于保持空间站的稳定，减少推进器点火的次数。

（2）双骨架设计

这种设计方案是在1986年提出来的，将主要舱段移到空间站的重心，能提供更好的微重力环境，但这种设计要求有两个大的骨架（见图1-39）。

（3）道格拉斯空间站概念

图1-40所示的道格拉斯空间站概念描述了一个由航天员控制的机械手，这个机械手用于移动和安装新的空间站部件。

（4）1991年的设计

图1-41给出自由号空间站1991年的设计版本，与后来的国际空间站构型比较接近。

图1-39 双骨架设计

图1-40 道格拉斯的空间站概念（1986）

图1-41　自由号空间站1991年设计版本

由于自由号空间站计划耗资极大，在美国争论不断。NASA面临着继1986年2月挑战者号航天飞机爆炸之后又一次严重的危机。

危机就是危险和机遇的组合，昔日的对手在危险中看到了合作的机会。1992年11月，对各自的空间站计划忧心忡忡的俄罗斯政府和欧洲空间局商讨合作研制和使用和平2号空间站的可能性。第二年夏天，NASA也加入进来。经过复杂的磋商，NASA吸收了俄方的意见，继续修改自由号设计，提出了2种新方案并呈交克林顿：一种是"阿尔法"（Alpha），属于小型站，站上只有4名美国航天员；另一种是"俄罗斯阿尔法"（Russian Alpha），规模大一些，性能也更好，有6名航天员，其中俄罗斯占2人。9月，克林顿选定了后者，取名阿尔法号空间站，并与国会达成一致，给予空间站每年21亿美元的固定预算，总额165亿美元。阿尔法号其实就是自由号与和平2号的组合体，并最后确定了现在的名字"国际空间站"（International Space Station, ISS）。

二、国际空间站建设过程

经过近十年的探索和多次重新设计，直到苏联解体、俄罗斯加盟，国际空间站才于1993年完成设计，开始实施。该空间站以美国和俄罗斯为首，包括加拿大、日本、巴西和欧空局的11个正式成员国（比利时、丹麦、法国、德国、英国、意大利、荷兰、西班牙、瑞典、瑞士和爱尔兰），共16个国家参与研制。

1994年至1998年是空间站建设的准备阶段，美、俄两国完成航天飞机与俄罗斯和平号空间站的9次对接飞行。美国航天员累计在和平号空间站上工作2年，取得了航天飞机与空间站交会对接以及在空间站上长期进行生命科学、微重力科学实验和对地观测的经验，可降低国际空间站装配和运行中的技术风险。

1998年11月20日，国际空间站的第一个组件曙光号功能货舱（美国出资，俄罗斯制造）发射成功，标志着国际空间站正式进入第二阶段，即初期装配阶段。此后，国际空间站的第二个组件——美国团结号节点舱于1998年12月4日由奋进号航天飞机送入轨道，并于12月7日与曙光号成功对接。第二阶段的主要目标是建成1个具有载3人能力的初期空间站。2000年7月12日，国际空间站的核心组件——俄罗斯建造的星辰号服务舱发射入轨；同年11月2日，首批3名航天员进驻空间站，国际空间站开始长期载人；11月30日，美国"奋进"号航天飞机为国际空间站送去两块翼展达72米、最大发电量为65千瓦的大型太阳电池板。2001年2月7日，美国的命运号实验舱由亚特兰蒂斯号航天飞机送入轨道；4月23日，加拿大制造的遥操作机械臂与国际空间站顺利对接；7月12日，美国亚特兰蒂斯号航天飞机又把供航天员出舱活动的"气闸舱"送入轨道。至此，美国和俄罗斯等国经过航天飞机、质子号火箭等运输工具15次的飞行，完成了国际空间站第二阶段的装配工作。

第三阶段（2000 ~ 2011年）为最终装配和应用阶段。一些主要模块和组件包括：

· 桁架、气闸和太阳电池板（在国际空间站的整个生命周期中分阶段发射；对接适配器于2017年发射，用于新的商业航天器）。

· Zvezda（俄罗斯，2000年推出）。

· 命运实验室模块（NASA，2001年发射）。

· Canadaarm2机械臂[CSA（加拿大航天局），2001年推出]。它最初仅用于太空行走和遥控维修。今天，它也经常用于将货运飞船（不能使用其他港口的飞船）停泊到空间站。

· Harmony（NASA，2007年推出）。

· 哥伦布轨道设施（欧空局，2008年发射）。

· Dextre机械手（CSA，2008年推出）。

· 日本实验模块（2008 ~ 2009年分阶段推出）。

· 冲天炉窗和宁静号（2010年推出）。

· 莱昂纳多永久多用途模块（欧空局，2011年推出永久居留权，尽管在此之前它曾用于将货物运往和运出车站）。

· Bigelow可扩展活动模块（2016年推出的私人模块）。

· NanoRacks Bishop气闸舱（2020年推出）。

· Nauka多功能实验室模块（2021年推出）。

· Prichal俄罗斯对接模块（2021年推出）。

三、空间记录

自1998年以来，国际空间站已接待了250多人。多年来，国际空间站在机组人员方面树立了几个显著的里程碑：

· 美国人在太空中的最长连续天数：355天，这是在2021 ~ 2022年美国航天局航天员Mark Vande Hei创下的纪录。

· 女性最长的单次太空飞行：328天，是在2019 ~ 2020年美国航天员克里斯蒂娜·科赫（Christina Koch）在空间站执行任务期间创下的纪录。

· 女性在太空中度过的总时间最多：佩吉·惠特森在太空中度过了665天。

· 多数女性同时进入太空：这发生在2010年4月，当时来自两个太空飞

行任务的女性在国际空间站相遇。这包括特雷西·考德威尔·戴森（她乘坐联盟号宇宙飞船执行长期任务）和美国航天局航天员斯蒂芬妮·威尔逊和多萝西·梅特卡夫·林登伯格以及日本的山崎直子（她们乘坐发现号航天飞机完成了短暂的STS-131任务）。

·最大的太空聚会：13人，在2009年美国航天局的奋进号执行STS-127任务期间。

·最长的单次太空行走：STS-102任务期间，时间为8小时56分钟，用于2001年的国际空间站建设。美国航天局航天员吉姆·沃斯和苏珊·赫尔姆斯参加。

·最长的俄罗斯太空行走：在第54次远征期间，时间为8小时13分钟，用于修复国际空间站天线。俄罗斯航天员Alexander Misurkin和Anton Shkaplerov参加了此次活动。

四、国际空间站当前状态

美国航天局强调，俄罗斯、美国和其他国际空间站合作伙伴目前继续正常运营空间站。

国际空间站上的机组人员得到休斯敦和莫斯科的任务控制中心以及亚拉巴马州亨茨维尔的有效载荷控制中心的协助。其他国际任务控制中心支持来自日本、加拿大和欧洲的空间站。国际空间站的元素由休斯敦或莫斯科的任务控制中心控制。

2022年7月，俄罗斯宣布将在2024年后退出国际空间站。其目标是在2028年左右建造一个新的俄罗斯轨道空间站。退出将是渐进的，国际合作伙伴正在讨论如何过渡。

国际空间站不能分成独立的俄罗斯和美国部分，因为该综合体是相互依存的。美国航天局说美国提供动力，而俄罗斯人控制主要的推进演习。美国航天局及其合作伙伴有可能通过正在测试的美国航天器独立提升国际空间站的轨道。

国际空间站确实需要这样的机动以避免落入地球大气层和躲避轨道空间碎片。

目前的计划要求空间站至少运行到2024年。2030年后，国际空间站的规划也没有明确布局。它可以脱离轨道，或回收用于未来在轨的商业空间站。

第五节　中国载人航天的"三步走"战略

一、突破载人航天技术

1992年9月21日，中国政府决定实施载人航天工程，并确定了三步走的发展策略。第一步，发射载人飞船，建成初步配套的试验性载人飞船工程，开展空间应用实验；第二步，突破航天员出舱活动技术、空间飞行器交会对接技术，发射空间实验室，解决有一定规模的、短期有人照料的空间应用问题；第三步，建造空间站，解决有较大规模的、长期有人照料的空间应用问题。

在第一步的任务中，首先发射了神舟一号到神舟四号四艘不载人的飞船，在此基础上，成功地发射了神舟五号载人飞船（图1-42），将杨利伟送入太空并平安返回。而神舟六号则将两名航天员——费俊龙和聂海胜送入太空，标志着我国载人航天第一步的任务胜利完成。

在第一步的任务中，安排了我国当时规模最大、领域方向最广的空间科学与应用计划。神舟二号飞船到神舟六号飞船上开展了28项科学实验：①空间生命科学方面，开展了多种生物的空间效应研究、蛋白质结晶、空间细胞培养、细胞电融合等实验；②微重力科学方面，开展了半导体光电子和金属合金等材料的空间生长和晶体生长实时观察、大马兰戈尼（Marangoni）数下液滴热毛细迁移实验；③空间天文方面，开展了宇宙伽马射线暴和太阳高能辐射探测；④地球科学方面，与国际同步发展了中分辨率成像光谱仪、多模态微波遥

图1-42　神舟五号载人飞船

感器、卷云探测仪、地球辐射收支仪等新仪器。所有项目均为我国首次，起到了开创奠基作用，使我国掌握了重要的空间科学实验方法和技术，推动了空间对地观测技术的跨越发展，使我国空间科学上了一个新台阶。

二、为建设空间站做技术准备

第二步的任务从神舟七号开始，到神舟十一号飞船及天舟一号货运飞船结束，主要是验证建造空间站所必须掌握的技术，包括太空行走、空间交会对接及短时间有人照料的科学实验技术。在神舟七号飞船上首次进行了出舱活动（图1-43），验证了我国自己研制的舱外航天服以及气闸舱技术。神舟八号验证了自动交会对接技术，神舟九号至神舟十一号的航天员则验证了自动和手动交会对接技术。在此期间发射了天宫一号和天宫二号（图1-44）空间实验室，开展了多学科的科学实验，取得丰硕成果。神舟十一号与天宫二号空间实验室对接的场景如图1-45所示。

图1-43　神舟七号航天员太空行走

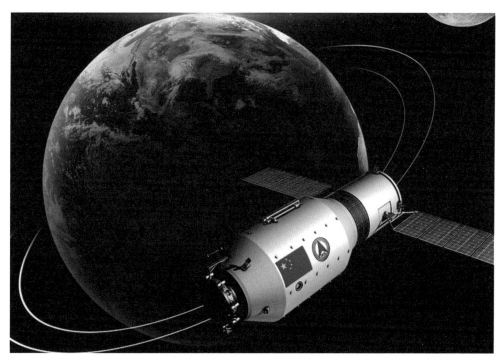

图1-44　天宫二号空间实验室

图1-45 神舟十一号与天宫二号空间实验室对接

2007～2017年，第二步空间实验室任务中，在神舟七号、神舟八号飞船，天宫一号（TG-1）、天宫二号（TG-2）空间实验室，以及天舟一号（TZ-1）货运飞船上，开展了50余项空间科学实验。中德合作空间生命科学的17项实验、高等植物培养实验、空间干细胞增殖分化实验取得重要结果；国际首台空间冷原子微波钟开展了原子激光冷却和操控实验，取得迄今最高频率稳定度的实验结果；中国-瑞士合作的伽马暴偏振探测取得国际最大样本伽马暴偏振度累积分布函数，发现偏振度的时间变化新现象；采用Decoy方法的量子密钥分配实验、复合胶体晶体生长实验、12种新型材料空间制备研究、多形态液桥热毛细对流实验等取得重要结果；微波成像高度计作为国际首台采用小入射角-短基线干涉-孔径合成新体制的海洋科学观测设备，开拓了海洋动力现象观测研究的新途径；多角度偏振及宽波段光谱成像、紫外临边观测推动了对地观测和地球科学研究方法创新。整体看，空间实验室阶段取得了一批科学前沿和关键技术突破的重点成果，为后续开展大规模的空间科学与应用任务奠定了基础。

三、建造天宫空间站

经过30年坚持不懈的努力，我国载人航天"三步走"战略得以实现。载人空间站天和核心舱已在轨运行超过1年；2022年7月24日，问天实验舱成功发射并与核心舱完成对接，随后还发射了梦天实验舱；2022年底完成3舱在轨组装建造，并将在轨运行10年以上，这是我国开展大规模系统性有人参与空间研究的历史性机遇。

我国载人航天工程空间应用系统邀集国内近百位院士和千余位一线专家经过长期、多轮论证，形成了重点突出、层次明晰的科学与应用任务规划。规划分为4个领域：①空间生命科学与人体研究，深入认识生命现象本质和人在太空的能力特性变化规律及机制，研究生命和医学基础问题，支持人类长期太空探索，发展生物技术，为人类医疗健康服务；②微重力物理科学，开展流体物理（含软物质）与热物理、燃烧、材料科学的基础和应用研究，加强对地面产业的支持，基础物理安排针对基本物理规律的实验研究；③空间天文和地球科学，加深对宇宙暗物质、暗能量、致密天体、星系形成演化和地球变化等重大科学问题的理解；④空间新技术与应用，发展和验证新一代航天基础技术、空间科学与应用新技术等。目前，空间站科学任务已制订了多个研究计划，到2022年初通过公开项目征集共收到500余个单位提出的超千项建议书，立项近200项。我国分别与联合国和平利用外层空间委员会（COPUOS）、ESA合作征集科学项目，已批准空间生命科学、流体物理、空间天文等19项，约40个国家参与。国内外渠道都将持续征集项目，滚动培育、遴选及实施。

空间站部署了先进的科学研究设施，加压舱内有十几个科学实验柜。舱外暴露平台安排了材料、生物、元器件等暴露实验装置。随核心舱发射的无容器材料实验柜的样品加热温度超过2000℃，已产出科学成果；高微重力悬浮实

验在低频段指标达到$10^{-7}g$。

空间站重大科学研究设施部署了2米口径巡天空间望远镜（CSST），与空间站同轨飞行，可与空间站对接进行维修升级，是我国空间天文的旗舰项目。CSST具有与哈勃望远镜基本相同的角分辨率和大300倍的有效视场，配有大焦面巡天相机、多通道成像仪、积分视场光谱、星冕仪、太赫兹谱仪5个后端仪器，以多色测光和无缝光谱巡天为主，围绕星系与活动星系核、银河系和恒星、系外行星、太阳系天体和暂现源等内容开展观测研究。同时，已成立了4个科学研究中心和联合科学中心，立项了24个课题（近百项子课题），600多位科学家参加相关科学研究和发射前的科学分析软件准备。CSST与欧美基本同期开展的空间光学巡天项目在观测波段、分辨率等方面协同互补，将成为继地面斯隆数字巡天（SDSS）后最具科学发现潜力的空间光学巡天项目。

第二章

载人航天
关键技术

第一节　运载火箭技术

运载火箭的作用是将载人和货运飞船从地面送到预定轨道。通常需要用广泛的基础设施，如发射台、运载火箭组装厂房、燃料加注系统等。航天飞行的困难要求运载火箭采用非常先进的空气动力学理念和技术来设计，这是运载火箭运行成本昂贵的一大原因。

亚轨道飞行器只需要在空间边界附近加速，通常定义为卡门线的100千米。然而，将航天器送入环绕地球轨道的运载火箭必须达到更高的速度，这使得大多数实用的运载火箭是多级火箭，使用化学推进剂，如固体推进剂混合物、液氢、煤油、氧气、自燃燃料等。这些运载火箭可以根据它们的有效载荷能力分类，从小型、中型、重型到超重型四类。

载人航天用的运载火箭主要有发射载人飞船的火箭以及发射货运飞船的火箭，前者要求有极高的可靠性，后者要求具有较大的运载能力。

目前使用的发射载人飞船的运载火箭主要有中国的长征二号F运载火箭（以下简称长二F火箭）、俄罗斯的联盟号火箭和美国的太空发射系统（SLS）。

长二F火箭（图2-1）又称"神箭"，"神箭"到底"神"在哪？最"神"的地方莫过于长二F火箭的高可靠性和高安全性。

对于不用于发射载人飞船的火箭来说，可靠性只要超过0.91就行，在安全性上没有特殊要求。而用于发射载人飞船的火箭，可靠性应达到0.97，安全性要求为0.997。

可靠性0.97，简单地说，就是指发射100次，失败不能超过3次；安全性0.997，就是在这3次可能的失败中，发生危及航天员安全的事故的概率要小于0.003。我国长二F火箭完全是按照这一指标设计的，经过13次实战检验，长二F火箭可靠性、安全性的实际验证值已超过这组数据，均处于国际领先水

图2-1 长二F火箭发射

平。待到神舟十二号飞船发射时，火箭的可靠性评估值达到0.9894，安全性评估值达到0.99996这一国际先进水平。人们平时常用"万无一失"这个词形容可靠性，现在长二F火箭的安全性指标已经超过万分之一，达到十万分之四。

目前，除长二F火箭外，世界上现役的载人火箭是俄罗斯用于发射联盟号飞船的联盟号火箭（图2-2）。它的可靠性、安全性分别在0.97、0.997以上，且发射次数较多。已退役的载人火箭，如美国的航天飞机（图2-3），它的设计可靠性也基本在0.97这一水平，但安全性远低于0.997。美国航天飞机出过两次严重的事故，再加上成本居高不下等原因，最终只能退役了。

图2-2　联盟号火箭

图2-3　待发射的美国航天飞机

长征五号B运载火箭（图2-4）全长约53.7米，直径5米，捆绑4个直径3.35米的助推器，采用无毒无污染的液氧、液氢和煤油作为推进剂，起飞质量约849吨，近地轨道运载能力大于22吨，距离地面200～400千米低轨道的运载能力达到25吨。

美国新型运载火箭"太空发射系统"（SLS）已经投入运行。SLS是美国航天局建造的最强大的火箭，它是唯一可以在一次任务中将猎户座飞船、航天员和补给送出地球轨道到达月球的火箭。SLS的每个主要元素——核心级、RS-25发动机、固体火箭助推器、临时低温推进级、运载火箭级适配器和猎户座级适配器，都具有独特的用途。SLS在2022年11月16日成功完成首飞，将猎户座（Orion）飞船送入奔月轨道。

太空发射系统分三个主要阶段进行开发，能力不断增强：Block 1、Block 1B和Block 2。Block 1运载火箭发射前三个阿耳忒弥斯（Artemis）任务，计划后续的五次SLS任务使用Block 1B，之后所有任务将使用Block 2。

图2-4　长征五号B运载火箭

SLS准备发射阿耳忒弥斯的情景见图2-5，到月球或地月转移轨道的运载能力见图2-6。

图2-5　SLS准备发射阿耳忒弥斯

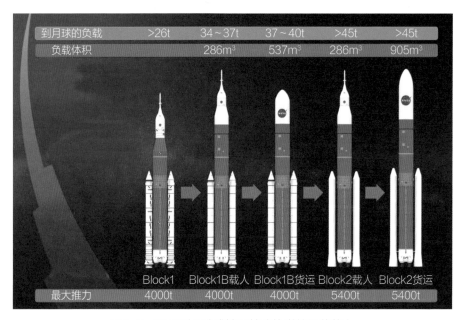

到月球的负载	>26t	34~37t	37~40t	>45t	>45t
负载体积		286m³	537m³	286m³	905m³
	Block1	Block1B载人	Block1B货运	Block2载人	Block2货运
最大推力	4000t	4000t	4000t	5400t	5400t

图2-6　SLS到月球或地月转移轨道的运载能力

1. 核心级

与固体火箭助推器一起，核心级负责将上面级和有效载荷推离大气层。它包含用于上升阶段的液氢和液氧箱、前后固体火箭助推器连接点、航空电子设备和主推进系统（MPS）。MPS负责为4台RS-25发动机提供燃料和氧化剂。核心级在起飞时提供了大约25%的飞行器推力。该平台长65米，直径8.4米。前四次飞行使用在航天飞机任务中剩余16台RS-25D发动机中的4台。以后的任务将使用改进的RS-25E。

2. 固体火箭助推器

SLS的Block 1和Block 1B使用两个五段式固体火箭助推器。SLS固体火箭助推器是有史以来为飞行制造的最大、最强大的固体推进剂助推器。每个助推器高17层，每秒燃烧大约6吨推进剂，比14架四引擎大型商用客机产生的推力还要多。SLS双固体火箭助推器共同提供了发射时SLS总推力的75%以上。

3. 上面级

临时低温推进级（ICPS）计划在Artemis 1、2和3上作为SLSBlock 1的上面级飞行。随着火箭发展到更强大的Block 1B配置，它将与探索上面级（EUS）一起飞行，后者将使用4台RL10C-3发动机将猎户座飞船和大型货物送往月球。EUS上的4台RL10发动机提供超过431千牛的推力，这将使火箭向月球发射的质量增加40%。

4. 探索地球轨道之外的能力

Block 1可以将超过27吨的质量送到月球以外的轨道。它将由两个五段式固体火箭助推器和四个RS-25液体推进剂发动机提供动力。进入太空后，临时低温推进级（ICPS）将猎户座送上月球。前三次阿耳忒弥斯任务将使用带有ICPS的Block 1火箭。

Block 1B载人火箭可以向外太空发射38吨的质量，包括猎户座飞船和它的乘员。SLS只带货物发射，它有一个大体积的有效载荷整流罩，可以向月球和火星发射更大的探索系统，或用于执行太阳系探索任务的科学航天器。

Block 2将被设计为可将超过46吨的质量送入深空。

第二节　飞船技术

载人飞船与不载人飞船的最大区别在于前者配备了生命保障系统。因为太空环境是非常恶劣的，几乎没有空气，且具有强烈的电磁辐射与带电粒子辐射，还要面对微流星体和太空碎片的威胁。

历史上进入太空的载人飞船有苏联的东方号与上升号，美国的水星号、双子座号与阿波罗飞船，等等。

目前仍在运行的载人飞船有俄罗斯的联盟号、中国的神舟号、美国Space X公司的龙飞船和NASA的猎户座飞船。

一、联盟号飞船

联盟号飞船是世界上发射数量最多的载人飞船，也是到达国际空间站次数最多的飞船。到目前为止，联盟号飞船已经发展了四代。联盟T号飞船用于飞往礼炮号与和平号空间站。联盟TM号飞船是联盟T号飞船的现代化版本，具有新的对接和交会、无线电通信、应急和集成降落伞/着陆引擎系统，使用了更耐用的金属机身和更轻的隔热罩材料。它首先在无人驾驶飞行中进行了测试。交会和对接系统允许联盟TM号飞船独立于空间站进行机动，而空间站无须进行"镜像"机动以匹配早期型号尾部安装姿态控制引入的不需要的平移。

更轻的交会系统和改进的发射逃生塔允许携带更高的有效载荷或机动性更强的推进剂。联盟TM号飞船从1986年5月到2002年11月用于将航天员送往和平号空间站，从2000年11月开始前往国际空间站。

联盟TMA号宇宙飞船（图2-7）是联盟TM号飞船的替代品，联盟TMA号飞船提高了安全性，尤其是在下降和着陆时。它拥有更小、更高效的计算机和改进的显示器。此外，联盟TMA号飞船可容纳6英尺❶3英寸❷高和209磅❸的人，而早期的联盟TM号飞船则可容纳6英尺和187磅的人。联盟TMA号飞船可满足国际空间站的需要。两台新发动机将着陆速度和机组人员感受到的力降低了15%～30%，新的进入控制系统和三轴加速度计提高了着陆精度。仪表改进包括彩色"玻璃驾驶舱"，它更易于使用并为机组人员提供更多信息，其手动控制器可以固定在仪表板下方。联盟TMA号飞船中的所有新组件都可以在太空中使用长达一年。

图2-7　联盟TMA号飞船

---

❶　1英尺等于0.3048米。

❷　1英寸等于0.0254米。

❸　1磅等于0.4536千克。

第一代：联盟1～11（1967—1971年）；

第二代：联盟12～40（1973—1981年）；

第三代：联盟T1～T15（1976—1986年）；

第四代：联盟TM（1986—2003年），共发射34次；

联盟TMA（2003—2012年），共发射22次；

联盟TMA-M（2010—2016年），共发射20次；

联盟MS（2016.7.7—2021.4.9），共发射21次。

二、神舟飞船

从总体结构方面看，中国的神舟号飞船与联盟号飞船类似，都是三舱结构（图2-8），但对接系统不同。几十年来，虽然飞船的整体结构变化不大，但其通信系统、对接系统和定位系统等都在不断更新。如对接系统，从神舟十二号开始，就实现了快速交会对接。

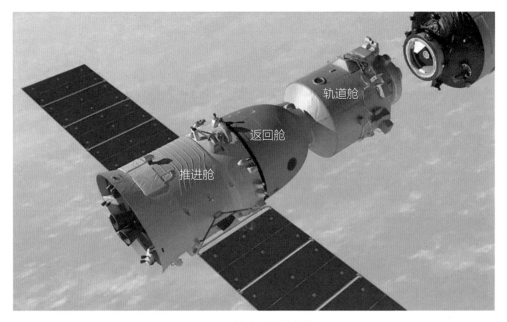

图2-8　神舟飞船的结构

其实，飞船返回舱气动系统的设计是非常复杂的，一个合理的设计是返回舱再入大气层时，遇到阻力会产生一个升力，这样就可以提高返回舱的升阻比，下落过程中可减小过载加速度，这样，航天员会感到舒适些。

中国新型飞船（图2-9）采用两舱设计，分为服务舱和返回舱（图2-10），返回舱可以携带大量载荷返回地面；而传统神舟飞船采用三个舱段，即推进舱、轨道舱和返回舱。返回舱空间狭小，不能携带太多载荷，返回质量比较小，回带能力远远不如新型飞船。新型飞船设计特意考虑了回带问题，将高价值产品都放在返回舱内，极大提高了资源利用能力，飞船大多数设备都可以重复使用，仅仅需要重新制造一个服务舱而已。

图2-9　中国新型飞船

图2-10　新型飞船的返回舱

从质量来看，新型飞船重21.6吨，而神舟飞船只有8吨。最大的区别是，新型飞船搭载6名航天员，可以取代2艘神舟飞船。用新型飞船运送人员，可以比神舟飞船少一半的发射次数，减少了一枚火箭和一艘飞船的制造和发射费用，带来了巨大的经济效益。

我国新型飞船有5个特点：①可载7名航天员；② 可重复使用；③三舱变两舱；④返回舱采用锥形结构，提高了升阻比；⑤着陆时采用气囊保护。

三、龙飞船

美国Space X公司研发的龙飞船（图2-11）于2020年5月30日进行第一次载人飞行，将两名航天员运送到国际空间站。龙飞船有一个钟形的加压前舱和一个圆柱形的后舱，后舱称为行李厢，是非加压的，为航天器供电的一对太阳电池板连接在行李厢上。龙飞船可以携带6000千克的补给到国际空间站，飞到国际空间站的龙飞船如图2-12所示。

图2-11　龙飞船示意图

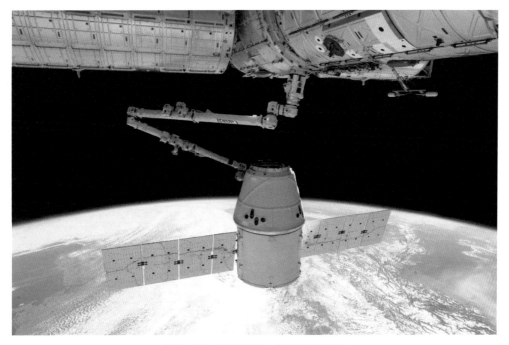

图2-12　飞到国际空间站的龙飞船

四、猎户座飞船

猎户座（Orion）飞船是美国国家航空和航天局委托洛克希德·马丁公司和空中客车集团研发的新一代载人航天器。这是原有星座计划中的一部分，该计划旨在2020年将人类再次送往月球，并接着征服如火星等太阳系内目标。

时任美国总统的奥巴马在2010年2月1日正式提议取消星座计划，因为这一计划"超预算、进度落后而且缺乏新意"。有关法案于同年10月成为法律，星座计划宣告终结。不过，猎户座飞船的订单获得保留。

猎户座飞船于2014年12月5日进行第一次飞行，现在是属于阿耳忒弥斯计划的主要飞船。

猎户座飞船的外貌与阿波罗飞船相似，但内部空间比阿波罗飞船大2.5倍，最多可容纳6名航天员，融入了电脑、电子、维生系统、推进系统及热防护系统等领域的诸多最新技术。同航天飞机比，猎户座飞船的使用成本更加低廉，安全系数也提高10倍，而且与航天飞机一样可以回收再用。

猎户座飞船的载人模块（图2-13）可以容纳四至六名机组人员。与之对比，阿波罗飞船的载人模块只能接载三名人员。虽然猎户座飞船采用了与20世纪60年代开发的阿波罗飞船相近的设计理念，但其载人模块使用了数项较为完善的技术，包括：

①"玻璃驾驶舱"数字化控制系统，衍生于波音787飞机中的驾驶舱。

②类似俄罗斯进步号飞船和欧洲自动运载飞船的自动对接系统，该系统允许在紧急情况下由航天员全权控制。此前的其他美国飞船，如双子座、阿波罗飞船，以及航天飞机等，在进行对接时都需要手动操作。

③改进过的废弃物管理设备，包括一个微型野营式马桶，以及一个在航天飞机和国际空间站中已投入使用过的不分性别的"便溺管"。其中航天飞机的"便溺管"系统是基于天空实验室上的系统开发的，而国际空间站的系统则是基于联盟号、礼炮号和和平号国际空间站的同类系统。因此，在该飞船中将

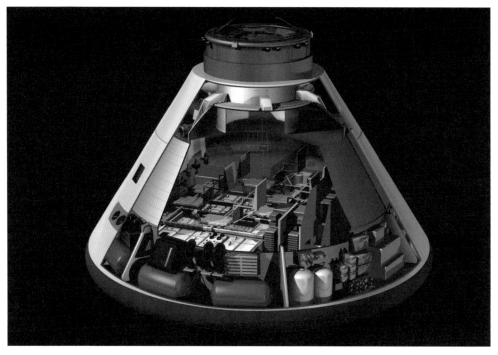

图2-13 猎户座飞船载人模块的内部结构

彻底取消使用不便的"阿波罗袋子"。之所以称为"阿波罗袋子",是因为阿波罗飞船上的航天员必须使用这种"设备"。该"设备"其实就是一个开口处有黏性的塑料袋,排便时需要将其粘贴在屁股上,然后再进行排便。

④ 一个氮气/氧气混合空气环境,保持海平面的大气压(101.3千帕),或者稍低(55.2～70.3千帕)。

⑤ 一个比之前任何载人飞船更加先进的计算机系统。

该模块的另一个特性是可以部分重复使用。美国国家航空和航天局计划让每一个载人模块可以执行最多10次飞行任务,以便能形成包含载人及无人驾驶的猎户座飞船船队。无论是载人模块还是服务舱,都使用铝合金来建造。这种材料已被应用于航天飞机的外部燃料箱、德尔塔-4运载火箭以及宇宙神-5运载火箭的建造上。整个模块的隔热方式,和飞船中其他非关键部位(如货舱门)是一样的,都是用诺梅克斯材料制成的隔热毡进行包裹。可重复利用降落伞是基于阿波罗号及航天飞机固体助推器的降落伞进行设计的,并同样使用了诺梅克斯布料来制作。猎户座飞船的载人模块只能够通过在水上降落来实现回收,这也是载人飞行任务时唯一可行的在地球上降落的方式。

为了使猎户座飞船能够与国际空间站或者其他星际飞船对接,对接系统采用了新的低冲击对接系统设计。该设计是航天飞机上所使用的通用对接环的简化版本,有趣的是航天飞机上的这一系统其实是源自1975年俄罗斯为阿波罗-联盟测试计划而设计的对接系统。飞船及对接接合器均设置了水星号和阿波罗号上所使用的发射逃逸系统,以及源自阿波罗飞船上的玻璃纤维推进器保护罩。升空过程中的前2%时间内出现问题,这些装置将保证载人模块能安全逃逸。

猎户座飞船载人模块的形状与阿波罗号指挥舱类似,是一个顶角为57.5°的圆台体。其投影直径为5.02米,长度为3.3米,重8.5吨。它的总体积是阿波罗号的2.5倍,内部空间容积约为5.9立方米,可承载4～6名航天员。经过长期的研究,美国国家航空和航天局决定选用低密度碳化烧蚀材料作为重返大气层时的热盾材料。低密度碳化烧蚀材料是由玻璃纤维及酚醛树脂构成的蜂窝结构,其中填充以石英纤维。该材料曾在阿波罗计划中使用,并在航天飞机早期

飞行任务中用在了特定的部位。

欧洲服务舱（ESM）是猎户座飞船的主要动力和推进模块（图2-14），在每次任务结束时被丢弃。2013年1月，美国国家航空和航天局（NASA）宣布，欧洲空间局（ESA）将为Artemis 1提供服务舱，该服务舱以欧洲空间局的自动转移飞行器为基础。2018年底，位于德国北部不来梅的空客防务和航天公司向NASA交付了这个模块。在第一个模块获得批准后，欧洲空间局将提供从Artemis 2到Artemis 6的ESM。

该模块的首次飞行是在2022年11月16日的阿耳忒弥斯1号，这是NASA阿耳忒弥斯计划将人类送往月球的第一个重要里程碑。太空发射系统将猎户座飞船发射向月球，在那里，ESM将航天器送入遥远的绕月逆行轨道，随后将其从该轨道中提取并送回地球。

服务舱支持乘员舱（载人模块）从发射到再入前分离。它提供空间推进能力，用于轨道转移、姿态控制和高空上升中止。它为宜居环境提供所需的水和氧气，产生和储存电力，并维持运载系统和组件的温度。这个模块也可以运输非增压货物和科学有效载荷。

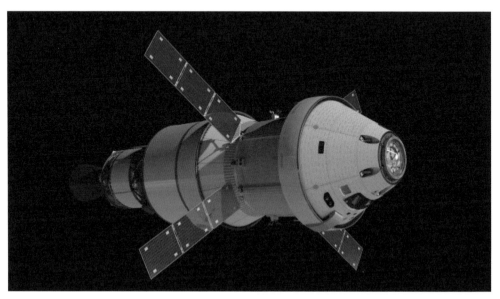

图2-14　包括了服务舱的猎户座飞船

第三节　空间交会对接技术

空间的两个航天器在同一时刻以同样的速度到达同一个地点的轨道控制过程及结果称为轨道交会。在空间将两个航天器对接起来形成一个航天器的过程及结果称作空间对接。所谓空间交会对接是轨道交会和空间对接的总称。

空间交会对接技术是指两个航天器在空间轨道上会合，并在结构上连成一个整体的技术，包括轨道设计技术、轨道交会控制技术、对接机构设计技术、空间交会对接测控技术等，广泛用于空间站、空间实验室、空间通信和遥感平台等大型空间设施在轨装配、回收、补给、维修以及空间救援等领域。

为了实现快速交会对接，在追踪航天器发射时要选择"零窗口"，也就是当目标航天器的轨道平面正好扫过卫星发射场时，即为点火时间。这样就可以保证追踪航天器基本与目标航天器共面。

在交会对接过程中，追踪航天器的飞行可以分为远程导引、近程导引、最终逼近和对接停靠四个阶段。

第一阶段为远程导引段，地面发射追踪航天器，由地面控制，使它按比目标航天器稍微低一点的圆轨道运行。在地面测控的支持下，同时利用导航卫星的定位数据，追踪航天器经过若干次变轨机动，进入追踪航天器上的摄像敏感器能捕获目标航天器的范围（一般为15～100千米）。

第二阶段为近程导引段，追踪航天器根据自身的摄像敏感器测得的与目标航天器的相对运动参数，特别是由导航卫星提供的位置参数，自动引导到目标航天器附近的初始瞄准点（距目标航天器0.5～1千米）。

第三阶段是最终逼近段，追踪航天器首先捕获目标航天器的对接轴，当对接轴线不沿轨道飞行方向时，要求追踪航天器在轨道平面外进行绕飞机动，以进入对接走廊，此时两个航天器之间的距离约100米，相对速度为1～3米/秒。

第四阶段是对接停靠段，追踪航天器利用由摄像敏感器和激光雷达组成的测量系统精确测量两个航天器的距离、相对速度和姿态，同时启动小发动机进行机动，使之沿对接走廊向目标最后逼近。在对接前关闭发动机，以0.15 ～ 0.18米/秒的停靠速度与目标相撞，最后利用栓-锥或异体同构周边对接装置的抓手、缓冲器、传力机构和锁紧机构，使两个航天器在结构上实现硬连接，完成信息传输总线、电源线和流体管线的连接。

航天器的对接见图2-15、图2-16。

图2-15　神舟飞船与天宫二号实验室交会对接

图2-16　航天飞机与国际空间站对接

图说空间站的科学

第四节　太空行走技术

虽然空间站是高技术系统的集成，但由于其非常复杂，加上处于恶劣的空间环境中，因此一些部件也会出现问题。一旦部件出现问题，可能会对空间站造成重大损害，影响任务，浪费昂贵的技术，最重要的是，还会影响空间站内的航天员。因此，在出现问题时，需要受过专门训练的航天员进行太空行走，以修理、移除或添加某些设备。这些活动可能会持续很长时间，并且需要大量的培训、设备和技术才能安全完成。

太空行走的官方术语是舱外活动（EVA），如图2-17所示。航天员在舱外活动时必须穿特制的舱外航天服（简称航天服），如图2-18所示。因为舱外环境是非常恶劣的，基本没有空气，温度会根据位置不同而剧烈波动。地球大气层上方的阳光照射物体可以超过120℃，而未被阳光照射到的物体可以达到相反的极端——低于–100℃。同时，来自太阳的辐射和在太空中飞驰的微小流星体也给航天员带来了潜在的危险。

舱外航天服相当于一个微型航天器，它是非常笨重的。尽管科技人员一直在努力使服装更纤薄、更符合人体工程学。一套航天服常常包含十几层，它们结合起来提供加热、冷却和加压系统。

航天服有18个独立部件，包括：主要生命支持系统（PLSS），这是一个为航天员提供氧气、电力、水冷和去除二氧化碳的背包装置系统；数字显示和通信控制模块（DCM）；头盔；遮阳板等。图2-19给出了美国舱外航天服的结构。穿上航天服，尽管它有很多部件，实际上是一个相当快

图2-17　美国航天员舱外活动

图2-18 中国"飞天"航天服

舱外机动套装（EMU）

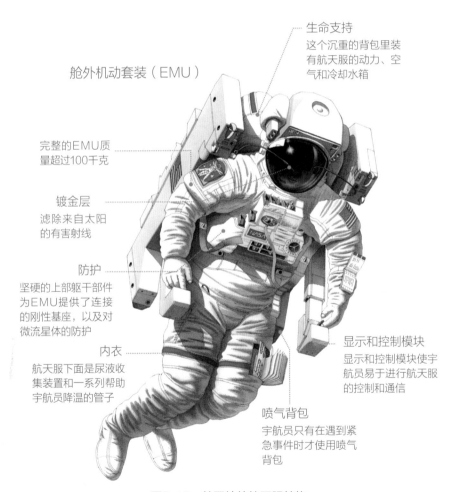

生命支持
这个沉重的背包里装
有航天服的动力、空
气和冷却水箱

完整的EMU质
量超过100千克

镀金层
滤除来自太阳
的有害射线

防护
坚硬的上部躯干部件
为EMU提供了连接
的刚性基座，以及对
微流星体的防护

内衣
航天服下面是尿液收
集装置和一系列帮助
宇航员降温的管子

显示和控制模块
显示和控制模块使宇
航员易于进行航天服
的控制和通信

喷气背包
宇航员只有在遇到紧
急事件时才使用喷气
背包

图2-19 美国舱外航天服结构

  图说空间站的科学

图2-20 俄罗斯的Orlan-MKS

的过程——航天员可以在大约15分钟内把所有东西放在一起。

太空行走者在离开航天器保护之前必须进行的过程实际上需要很长的时间。这并不是因为组成航天服的部分很多，主要原因是航天员需要时间进行减压，这与潜水员从海洋深处返回水面时使用的程序相同。

为了最大限度地提高机动性和最大限度地减小太空中压力不足的影响，航天服在太空行走期间的压力为29.6千帕，约为航天器内机组人员所承受压力的三分之一。航天员还必须呼吸纯氧，因为在如此低的压力下空气中的氧气量是不够的。

如果一名航天员在15分钟内穿上航天服并迅速离开气闸，他就会患上减压病，这是由于人体暴露在快速下降的外部压力中造成的。减压病会导致血液中膨胀的氮气气泡过快逸出，随后人体会出现关节疼痛、头晕、痉挛、瘫痪甚至死亡。

俄罗斯目前使用的航天服是Orlan-MKS（图2-20），这种

图2-21 国际空间站上的探索气闸舱外部

航天服具有三个特点：①它拥有世界上第一个自动体温调节系统，确保航天员在太空工作时不会因为监测和调节自己的体温而分心，该套装的计算机可以控制温度并创造最佳条件；② 它使用聚氨酯密封外壳，相比橡胶外壳更轻、更耐用，这使得将航天服在开放空间的使用次数从15次增加到20次，并将其使用时间从4年延长到5年；③由于其特殊的设计，航天员无须任何帮助即可在5～7分钟内轻松穿上航天服。此外，以前的航天服在破裂的情况下只能保持全压30分钟，而Orlan-MKS在这种情况下可以保持航天服50分钟的加压。

太空行走涉及的另一项关键技术是气闸舱（图2-21、图2-22）。气闸舱有两个气闸门：一个与密封座舱连接，称内闸门；另一个是可通向太空的外闸门。闸门的启闭可用电动机构，也可手动。气闸舱内设有闸门控制台、开启闸门前的给气排气装置、通信和照明设备，以及航天员出舱活动穿的航天服。闸门的启闭必须十分小心和熟练，以避免漏气。航天员出舱进入太空活动前，

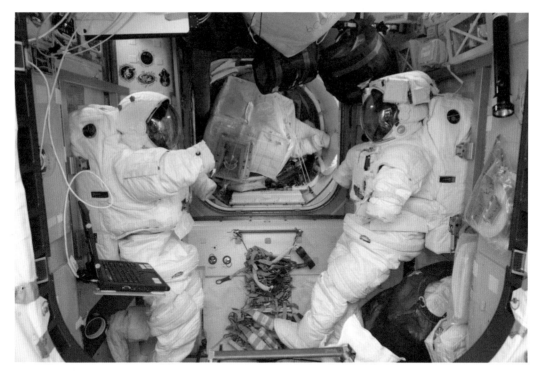

图2-22　国际空间站探索气闸舱内部

在座舱内穿好航天服，走出内闸门后关闭内闸门，把气闸舱内空气抽入座舱内，当气闸舱内和外界空间的压力相等时才能打开外闸门进入太空。航天员返回气闸舱时（图2-23）按相反的顺序操作：关闭外闸门，把座舱内的空气泵入气闸舱，当两者压力相等时，打开内闸门，航天员就可进入座舱。内、外闸门的气密性绝对可靠是气闸舱工作的基本条件。

图2-23　神舟十四号航天员返回气闸舱

第五节 空间科学实验技术

有一句话形象地概括了载人航天的目的：造船为了建站，建站为了科学实验。这里的科学实验是广义的，其内涵是多方面的，主要有：①空间站加压舱内的多学科实验，这些实验需要有专门设计的实验柜；②重大的科学观测设施，如国际空间站上的阿尔法磁谱仪（AMS）、我国天宫空间站将要安装的高能宇宙辐射探测设施（HERD）和巡天空间望远镜（CSST）；③空间站对地观测设施；④空间应用项目；⑤新技术验证。这些项目既反映了建设空间站的目的，也反映空间站技术的水平，是建成空间站后的主要任务。

一、加压舱内的科学实验

在我国天宫空间站建成后的初期，计划设立25个科学实验柜，涉及1000项科学实验。国际空间站已经运作20多年，实验设施（图2-24、图2-25）有184项，已经开展了3000项科学实验。这些科学实验需要有专门的实验柜。其实每个实验柜就是一个小的科学实验室。如图2-26所示的材料科学实验室。这些实验柜的科学含量是很高的，而且随着实验技术的发展，将不断更新和扩展。

图2-24 国际空间站微重力科学手套箱

图2-25　国际空间站细胞生物学实验设施

图2-26　国际空间站材料科学实验室

二、阿尔法磁谱仪探测宇宙线

阿尔法磁谱仪（AMS）是国际空间站（ISS）上的精密粒子物理探测器（如图2-27、图2-28所示），执行一项独特的、长期的太空基础物理研究任务。经过16年的建设和测试，AMS于2011年5月19日安装在国际空间站上。

图2-27　阿尔法磁谱仪

图2-28　安装在国际空间站桁架上的阿尔法磁谱仪

在国际空间站的寿命时间内，AMS将会测量数千亿的宇宙线。AMS的科学目标包括寻找反物质、暗物质，以及宇宙线起源。在AMS第一个五年时间内，AMS团队对宇宙线中的基本粒子与核子进行了精确的测量。AMS的最新结果包括正电子比例、反质子-质子比，以及电子、正电子、质子、反质子、氦核以及其他核子的流强。这些结果提供了准确且出人意料的信息，推进了对宇宙线产生、加速以及传播的认识。这些涵盖多种宇宙线粒子的精确独特的数据，需要一个全面的物理模型来描述。同时，通过严格的探测器验证和持续的收集数据，研究团队将会准确判定所探测到的电荷为-2的粒子的来源。重要的是，AMS将一直随着国际空间站运行。正如AMS的物理结果所展示的，每当像AMS一样的精确实验观测设施被用于探索未知的世界，便总可以期待崭新、激动人心的新发现。

三、空间站对地观测

空间站提供了观测地球的独特能力，因为它在白天和黑夜的不同时间以及不同的照明条件下经过北纬52度和南纬52度之间的位置，乘员和仪器可以观察地球表面的85%，并以小于6米的空间分辨率拍摄照片。这种对陆地和海洋的高分辨率成像，可以跟踪城市发展、监测飓风和火山爆发、记录冰川融化和森林砍伐以及测量地球大气中的二氧化碳。

另外，由于是有人照料，空间站对地观测有其自己的优势，如可以随时将观测指向突发事件或感兴趣的目标。

天宫空间站确定的对地观测及应用方向是：以地球系统科学中圈层相互作用，人类活动对全球环境、生态的影响，以及自然灾害等地球科学前沿问题研究为主要任务，结合空间站运行非极轨道与长期监测的特点，发展新一代高精度、定量化空间遥感技术，获取陆地、海洋、大气等地球系统的多维信息，开展全球变化监测、自然灾害与环境污染监测、海洋监测、资源勘探、粮食安全等研究。

国际空间站已经运行20多年，它是"全球观测诊断站"，旨在了解和解决地球的环境问题。国际空间站为使用手动和自动化设备观察地球生态系统提供了独特的优势，自2000年11月投入运营以来，工作人员已经制作了数十万张地球的陆地、海洋和大气图像。航天员可以实时记录地球上的风暴等现象，观察和收集火山爆发等预期和意外自然事件发生时的图像，甚至为地面人员提供数据以对自动地球传感系统进行编程。与机器人航天器上的传感器相比，这种灵活性具有显著优势。

除了航天员用手持数码相机拍摄的图像外，国际空间站还配备了各种内部和外部的自动传感器系统和设施。外部的几个地球观测仪器收集有关全球气候、环境变化和自然灾害的数据，这些数据通过现有的国际伙伴关系共享，以造福世界各地的人们，并促进其他地球观测活动的国际合作。

这些设施包括：窗口观测研究设施（Window Observational Research Facility, WORF），这是一个用于相机和传感器的高度稳定的内部平台，具有直视地球的高质量光学观察窗；国际空间站农业相机（ISSAC），收集支持美国中西部农业活动和相关研究的多光谱数据。

该站补充和支持常规卫星的功能。例如，沿海海洋高光谱成像仪（HICO）专注于沿海环境，为管理渔业、水质和石油提供信息，大多数卫星，无论是针对陆地还是海洋进行校准，在这种过渡环境中的表现都不尽如人意；乘员对地观测（Crew Earth Observations, CEO），调查提供了可用于绘制珊瑚礁地图的图像；ISS-RapidScat收集天气数据并交叉检查来自卫星的数据，这使研究人员能够提高气象卫星的性能并做出更准确的预测。

另外，该站为公众提供了更多获取遥感数据的途径。通过Sally Ride EarthKAM项目，中学生可以订购和访问从空间站拍摄的图像。

航天员也受益，研究表明，拍摄地球对他们的心理健康有积极影响。

空间站的相关研究及拍摄的图像如图2-29、图2-30所示。

图2-29　空间站上的生态系统星载热辐射计实验（ECOSTRESS）

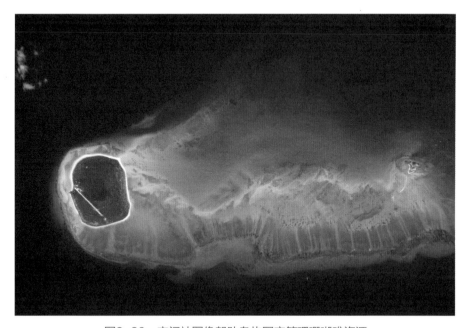

图2-30　空间站图像帮助岛屿国家管理珊瑚礁资源

四、新技术验证

空间站所处的高度属于高真空环境，在这样的环境中，可以进行在大气层中无法开展的一些高技术实验，从而发展和完善一些技术。在国际空间站上，已经在这方面开展了多项工作。

适于在空间站上进行技术验证的项目包括（不限于）：空间信息获取新技术；空间信息新技术（量子、激光、太赫兹）；空间激光应用新技术（全固态，连续功率 >10 千瓦）；微小卫星技术及应用新型空间推进技术；新型空间能源技术；空间热管理新技术；空间结构与重要工艺技术；智能灵巧机械空间应用材料的使役行为的空间实验检验；新品元器件、机电的空间实验考核与产业相关的新技术、新工艺空间实验等。

1. 激光通信中继演示（LCRD）

红外激光可以以与无线电波类似的方式携带信息。通过以某种方式修改不可见光束，变化的调制可以传输数字信号。空间是该技术的完美用途，因为没有大气或建筑物阻碍光束的路径，并且与其他通信标准相比，激光具有广泛的优势，光波可以支持高数据速率并消耗更少的能量来运行。在地球上，光纤电缆具有与激光通信类似的好处，但在没有任何物理电缆的情况下在更长距离上使用激光已被证明更具挑战性。

NASA 的激光通信中继演示（LCRD）是 NASA 的第一个双向激光中继通信系统，通过不可见的红外激光器从其位于地球同步轨道的位置向加利福尼亚和夏威夷的地面站发送和接收数据。在其任务后期，LCRD 将充当国际空间站上的光通信终端和地球上的地面站之间的中继，如图 2-31 所示。

2021 年 12 月 7 日，激光通信中继演示（LCRD）发射到距离地球约 22000 英里❶的轨道，以测试激光通信的能力。现在 LCRD 在轨道上，美国航天局的激光通信进展仍在继续。

---

❶ 1 英里等于 1.609 千米。

图2-31　LCRD从国际空间站上的ILLUMA-T向地球上的一个地面站提供中继数据

2. LCRD 实验者计划

2022年5月，NASA证明LCRD已准备好进行实验，这些实验是测试和改进激光系统——任务的总体目标。NASA、其他政府机构、学术界和工业界提供的实验正在测量大气对激光通信信号的长期影响，评估该技术对未来任务的适用性，并测试在轨激光中继能力。

美国航天局戈达德太空飞行LCRD实验项目负责人巴特勒说："我们几乎立即开始收到一些实验结果，而另一些则是长期的，在LCRD的两年实验期间出现。"

"该计划仍在寻找新的实验，任何有兴趣的人都应该联系。"巴特勒说，"我们正在利用激光通信社区，这些实验将展示光学如何为国际组织、工业和学术界工作。"比如LCRD将回答航空航天业关于激光通信作为高带宽应用的操作选项的问题。

NASA将继续接受新实验的建议，以帮助改进光学技术、增加知识并确定未来的应用。

LCRD甚至会在发布后不久以与NASA社交媒体账户共享的新年决议的形式传递公众提交的数据。这些决议将从加利福尼亚的一个地面站传输，并通过

LCRD转发到位于夏威夷的另一个地面站，作为LCRD能力的又一次展示。

3. 太字节红外传输（TBIRD）

在LCRD之后，作为探路者技术演示器3（PTD-3）任务的一部分，TeraByte InfraRed Delivery（TBIRD，太字节红外传输）有效载荷于2022年5月25日从SpaceX的Transporter-5拼车任务的卡纳维拉尔角太空部队站发射。TBIRD将展示200吉比特每秒的数据下行链路——NASA有史以来最高的光速率。图2-32给出了TBIRD下行链路数据传输的图示。

TBIRD通过展示激光通信对捕获重要数据和大型详细图像的近地科学任务的好处，继续推进NASA的光通信注入。TBIRD一次性发送回数太字节的数据，展示了更高带宽的好处，并让NASA更深入地了解小型卫星上激光通信的能力。

TBIRD项目经理Beth Keer说："过去，我们围绕着从太空返回地球的数据量来设计我们的仪器和航天器。通过光通信，我们可以带回的数据量远超过去。这确实是一种改变游戏规则的能力。"

图2-32　通过激光链路将TBIRD下行链路数据传输到加利福尼亚州光学地面站1

4. 集成LCRD低地球轨道用户调制解调器和放大器终端（ILLUMA-T）

集成LCRD低地球轨道用户调制解调器和放大器终端（ILLUMA-T）于2023年在SpaceX向国际空间站执行商业补给服务任务的"龙"货运飞船上发射，为轨道实验室带来激光通信，并赋予航天员权力，使其通过增强的数据功能在那里生活和工作。

ILLUMA-T将从空间站上的实验中收集信息，并以1.2吉比特每秒的速度将数据发送到LCRD，如图2-33所示。按照这个速度，一部长篇电影可以在一分钟内下载完毕。然后，LCRD会将这些信息转发到夏威夷或加利福尼亚的地面站。

"ILLUMA-T和LCRD将携手合作，成为第一个展示低地球轨道到地球同步轨道到地面通信链路的激光系统。"美国航天局戈达德ILLUMA-T项目经理Chetan Sayal说。

除美国外，日本和欧洲空间局也在国际空间站上开展了极光通信实验。

图2-33　ILLUMA-T从国际空间站向LCRD传输科学和探索数据

图2-34　SOLISS通过激光通信传输的高清图像

日本实验舱的暴露模块中的SOLISS（国际空间站小型光学链路）和卫星通信用光学地面站，通过以太网传输高清图像数据。SOLISS系统于2019年9月安装在Kibo在国际空间站的暴露模块上。此后，为了在SOLISS系统和光学地面站之间建立双向激光通信链路，大约每周进行一次通信测试，天气允许的情况下，同时对各种参数进行调整。SOLISS通过激光通信传输的高清图像如图2-34所示。

巴托洛梅奥（Bartolomeo）平台与国际空间站欧洲哥伦布实验舱相连，是该空间站最新的有效载荷托管平台。德国在这个平台上安装了一个大容量空对地激光通信系统，名为OSIRIS，如图2-35所示。OSIRIS体积小、质量轻，将直接连接到几个地面站，为巴托洛梅奥平台及其实验有效载荷提供无与伦比的数据下行链路容量，目标是成为嵌入在ISS基础设施中的操作系统。这个系统将增加欧洲哥伦布模块的利用机会，并使巴托洛梅奥成为国际空间站数据密集型有效载荷的首选平台。

图2-35　第一个大容量空对地激光通信系统将安装在国际空间站的Bartolomeo平台上

第三章

国际空间站

第一节　国际空间站的桁架式结构

国际空间站总体设计采用桁架式结构，即以长达百米的桁架为基础结构，然后将多个舱段和设备安装在桁架上，如图3-1所示。

桁架组件为太阳电池阵列、热控制散热器和外部有效载荷提供连接点。桁架组件还包含电气和冷却单元线，以及移动运输轨道。集成桁架结构（ITS）是由11段加上一个称为Z1的独立组件组成。

桁架在延伸的太阳电池阵列上达到108.5米长。ITS分段按照其位置进行标记：P代表"port"（端口），S代表"stanboard"（右舷），Z代表"zenith"（天顶）。

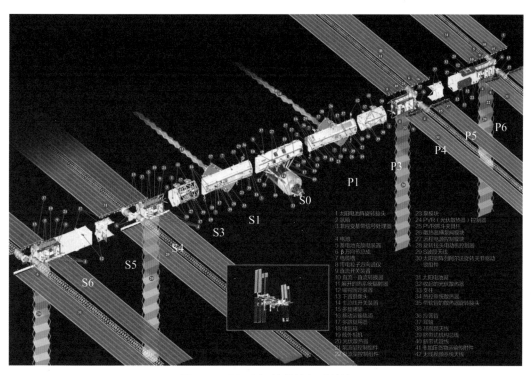

图3-1　国际空间站的桁架式结构

图3-2　国际空间站在太空的雄姿

　　这种结构具有很多优点：长的桁架提供了较宽阔的设备安装区，为安装各种分系统提供了良好的结构基础；桁架在运行中垂直于轨道面，因此各种观测设备可不受阻挡地同时观测；较宽的桁架结构还非常有利于大面积的太阳电池阵列的安装，从而为国际空间站提供充足的能量。但缺点是规模大、费用高、技术复杂，尤其是需要航天员多次出舱完成组装工作，从而建设周期很长。

　　图3-1中列举的部件基本是小部件，一些大的部件，如各国和各地区的服务舱，则是在桁架的垂直方向排列，图3-1没有给出。这样，国际空间站实际上是一个"十"字形，如图3-2所示。图3-3给出重要部件的分布。

　　主要舱段的排列情况是这样的：沿着空间飞行的方向，处于最前面的是日本的希望号实验舱与欧洲空间局的哥伦布实验舱，居中的是美国命运号实验舱，而处于最后位置的是俄罗斯的星辰号服务舱，如图3-4所示。

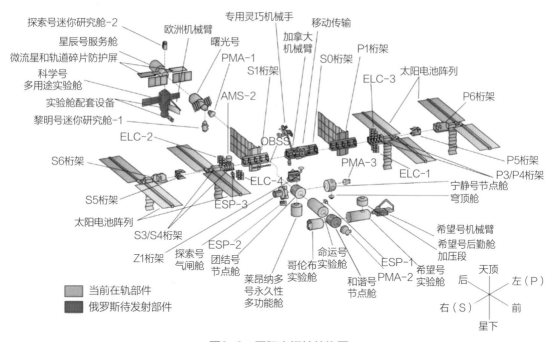

图3-3 国际空间站结构图

PMA—加压对接适配器；ELC—快速后勤舱；ESP—外部存储平台；

OBSS—轨道器吊臂传感器系统

图3-4 主要实验舱在国际空间站的位置

第二节　国际空间站的主要舱段

一、星辰号服务舱

俄罗斯的星辰号服务舱由质子号运载火箭于2000年7月12日发射升空。2000年7月26日，与曙光号功能货舱对接。

星辰号服务舱包括：1个供空间站乘员生活和工作的圆柱形的"工作隔舱"；1个有对接入坞装置的"中转隔舱"；1个非承压的"装配隔舱"；在"中转隔舱"的周围，另有1个有3个对接口的球形"中转间"。整个服务舱重18051千克，长13.1米，太阳电池板展开时为29.7米。

"装配隔舱"装备有诸如推进器、天线、推进箱等外部装备。"中转隔舱"装备有自动对接入坞装置，可用于对接联盟号宇宙飞船和进步号货运飞船。中转隔舱与曙光号功能货舱相连。中转隔舱还有用于和"科学能量平台"和通用对接舱相连接的对接口。

星辰号服务舱有可供2个乘员睡觉的区域，1台跑步机和1辆自行车可供健身使用，还有厕所以及其他卫生设备，1套带冰箱的厨房设备。星辰号一共有14个窗口，每个乘员舱都有至少1个窗口。还装备了一个电解被浓缩的湿气和废水用以产生氢气和氧气的电子装置。氢气被排放出去，而产生的氧气可供呼吸。浓缩湿气产生的水和废水可以在紧急情况下作为饮用水，但在通常情况下，使用从地面带来的新鲜水。星辰号服务舱有16个小的和2个大的推进器用于推进。另有8个电池用于储存能量。图3-5是星辰号服务舱外形，图3-6给出星辰号服务舱的内部结构。

图3-5　星辰号服务舱外形

图3-6　星辰号服务舱的内部结构

二、命运号实验舱

命运号（Destiny）实验舱是美国在国际空间站上科学研究用载荷中的主要实验室，于2001年2月7日由执行STS-98任务的亚特兰蒂斯号航天飞机搭载进入太空。

这个铝制的美国实验舱长8.5米，直径4.27米，重14.5吨。它包含3个圆柱形的部分和2个有可供航天员进出舱的装置的锥形部分。命运号实验舱的后部与团结号节点舱相连。前部同和谐号节点舱相连。

图3-7　命运号实验舱外形

命运号上的有效载荷装载在国际标准载荷架上。抵达国际空间站时的命运号安装有5个这样的载荷架，包括能提供电力、冷水、再生空气以及温度和湿度控制的设备。每个载荷架重大约540千克，命运号上总共会有23个载荷架。

在装备有加压设备的舱室内的航天员们能进行多种科学领域的研究和实验，全世界的科学家们将使用由此得到的数据，提升他们在医学、工程学、物理学、材料科学、地球科学等方面的研究水平。

命运号实验舱的外形及内部结构如图3-7和图3-8所示。

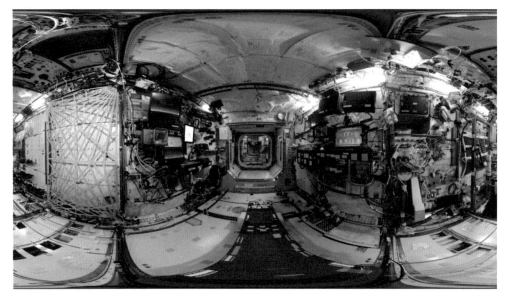

（a）

（b）

图3-8　命运号实验舱内部结构

　图说空间站的科学

三、哥伦布实验舱

哥伦布实验舱由欧洲空间局（ESA）负责研制，长7米，直径4.5米，总在轨质量12.8吨，总负载质量2.5吨。图3-9是哥伦布实验舱的外形图。图3-10给出内部结构剖面。

哥伦布实验舱有多项实验设施，包括流体科学实验室、欧洲物理学模块、生物学实验室、太阳监视观测台、大气层-空间相互作用监测器以及空间原子钟部件（ACES）等。

图3-9　哥伦布实验舱外形

图3-10　哥伦布实验舱内部结构

四、希望号实验舱

希望号实验舱包含四个模块：加压模块（PM）是一个长11.2米、外径4.4米、内径4.2米的圆筒形状模组设备，是希望号实验舱的核心模块，它包含十个国际标准组件挂架；暴露模块位于加压模块外侧，装设在此处的各种实验被直接暴露在太空环境里；实验后勤模块包含服务于加压模块的加压和暴露模块的不加压部分，主要作为储藏和移动物品使用；遥控操纵系统是一机械手臂，装在PM锥体左舷，主要用来服务暴露模块和移动物件到实验后勤模块。图3-11显示了日本的希望号实验舱外形，图3-12给出内部结构。

图3-11　希望号实验舱外形

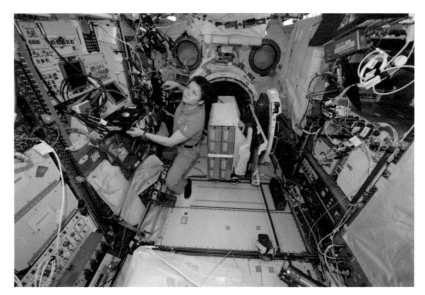

图3-12　希望号实验舱内部结构

第三节　国际空间站研究的主要学科

　　国际空间站是一个科学研究的平台，主要研究领域包括人类研究、空间医学、生命科学、物理科学、天文学和气象学。2005年美国航天局授权法案将国际空间站的美国部分指定为国家实验室，目的是增加其他联邦机构和私营部门对国际空间站的使用。

　　国际空间站的研究提高了人们对长期太空暴露对人体影响的认识。目前正在研究的对象包括肌肉萎缩、骨丢失和液体转移。这些数据将用于确定太空殖民和漫长的人类太空飞行是否可行。2006年，关于骨丢失和肌肉萎缩的数据表明，如果航天员在一个星球上进行了漫长的星际巡航（比如飞往火星需要6个月的旅程），那么将会有很大的骨折和运动问题的风险。国际空间站上通过美国国家空间生物医学研究所（NSBRI）进行了大规模的医学研究。其中最突出的是微重力先进超声诊断研究，在这项研究中，航天员在远程专家的指导下进行超声扫描，这项研究考虑了太空医疗状况的诊断和治疗。

研究人员正在调查空间站近乎失重的环境对动植物进化、发育、生长和内部过程的影响。作为对这些数据的回应，美国航天局希望研究微重力对三维类人组织生长的影响，以及在太空中可以形成的不同寻常的蛋白质晶体。

对微重力环境下流体物理的研究将使研究人员能够更好地模拟流体的行为。因为流体在微重力下几乎可以完全混合，所以研究人员研究的是在地球上不能很好混合的流体。此外，对因低重力和低温度而减慢的反应的研究将使科学家对超导性有更深的理解。

在空间站上的任何时间，都在进行各种学科范围内的大量不同实验。这些实验由每个空间站合作伙伴选择，以满足各自机构的目标需求。通过搜索"空间站研究探索者"实验数据库，可以了解更多关于每个实验的目标、描述和结果，以及机载设施、图像和其他信息。

在空间站有优势的研究学科如图3-13所示。

图3-13　在空间站有优势的研究学科

1. 空间生物学和生物技术

在微重力环境下，对细胞和组织生长的方向和几何形状的控制与地球上有很大的不同。各种实验在轨道上培养细胞、组织和小型生物体，以增加我们对微重力下生物过程的了解。

空间生物学当前研究的项目包括：动物生物学、植物生物学、微生物学、细胞与分子生物学以及发育、生殖与进化生物学。

2. 物理学

空间站是唯一一个在微重力环境下研究长期物理效应的地方。这种独特的微重力环境允许不同的物理性质支配系统，这些特性已被广泛应用于各种各样的物理学。

在空间站上研究物理学的领域主要包括：生物物理学、燃烧科学、复杂流体/软物质、流体物理学、基础物理学和材料科学。如图3-14所示。

图3-14　物理学的研究领域

3. 地球与空间科学

近地轨道空间站的存在为收集地球和空间科学数据提供了一个独特的有利位置。在平均海拔约400千米处，从国际空间站获取的冰川、农田、城市和珊瑚礁等细节可以与轨道卫星等其他来源的数据进行分层，以汇编最全面的可用信息。

4. 技术

对空间站的研究可以测试未来长期探索任务所需的各种技术、系统和材料。

5. 人类研究

空间站正被用来研究空间探索对人类健康的固有风险，重点研究问题解决风险的机制，并制订对策以减少这些风险。这项研究的结果是未来低地球轨道以外的长时间任务的关键。

6. 太空教育

空间站为激发学生在数学和科学方面取得卓越成就提供了一个独特的平台。空间站教育活动通过让数千名学生参与空间站研究，并利用空间站向他们传授太空探索背后的科学和工程知识，对他们产生了积极的影响。

第四节　美国的主要科学实验项目

在国际空间站的成员单位中，美国开展的科学实验项目最多，涵盖了空间站研究所涉的所有学科。通过对美国这些实验项目的了解，可以对当代空间站科学实验内容发展状态有较全面的认识。

一、人类研究

1. 长期太空飞行对人体骨骼肌的影响

① 双膦酸盐作为太空飞行诱导骨丢失的对策。

② 微重力环境下骨保护素对骨骼维护的影响。

③ 商业生物医学测试模块2 （CBTM-2）。

④ 重力改变对脊髓兴奋性（H反射）的影响。

⑤ 太空飞行中的足部反作用力。

⑥ 手姿分析仪（HPA）。

⑦ 微重力环境下脊柱伸长及其对坐姿高度的影响。

⑧ 长期太空飞行中轴向骨骼骨丢失分区域评估。

相关活动如图3-15所示。

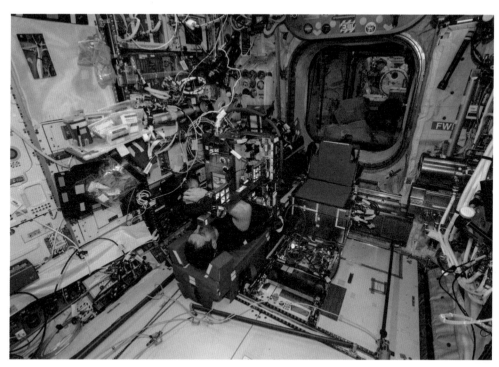

图3-15　航天员进行人体研究实验

2. 心血管和肺系统

① ISS返回后的心脑血管控制（CCISS）。

② 长时间航天飞行期间和之后的心脏萎缩和舒张功能障碍。

③ EVA和长期微重力暴露对肺功能（喘气）的影响。

④ 国际空间站长时间任务之前、期间和之后的最大摄氧量评估和次最大摄氧量评估。

⑤ 微重力对人类周围浅静脉-微动脉反射的影响。

相关活动如图3-16所示。

3. 航天员医疗系统

① 用于勘探任务的静脉流体生成。

② 药物治疗和营养化合物的稳定性。

图3-16　国际空间站上的综合心血管研究实验

4. 人的行为和表现

① 国际空间站任务期间的工作人员和工作人员与地面的互动。

② 与隔离和禁闭相关的行为问题。

③ 太空飞行期间的睡眠 - 觉醒活动记录仪和光照。

④ 发射过程中振动对视觉性能影响的人为因素评估。

5. 免疫系统

① 骨髓巨噬细胞空间分化。

② 细胞培养模块 - 微重力人体单核细胞的免疫反应。

③ 细胞培养模块 - 微重力对伤口修复的影响。

④ 太空飞行诱导潜伏 EB 病毒。

⑤ 航天员免疫功能监测程序的验证。

⑥ 空间飞行期间潜伏病毒脱落发生率。

6. 综合生理学

① 微重力超声。

② 营养状况评估。

③ 饮食摄入预测和预防航天飞行和恢复期间骨代谢的变化。

④ 美国国家航空和航天局生物标本库。

7. 神经系统和前庭系统

① 促进感觉运动反应的泛化：缓解长时间空间飞行后运动功能障碍的对策。

② 异丙嗪在太空飞行中的生物利用度和性能影响。

8. 辐射

① 航天员中枢神经系统的长期异常效应。

② 航天员中枢神经系统的长期异常效应-屏蔽。

③ 航天员血液淋巴细胞的染色体畸变。

④ 剂量学制图。

⑤ 航天员在EVA中经历的辐射剂量研究。

⑥ 使用幻肢躯干进行器官剂量测量。

⑦ 太空飞行中空间线索的心理表征（3D空间）

9. 其他实验

① 长期微重力：利用新型便携式设备，研究心脏病机制的模型。

② 国际空间站航天员（2号染色体）外周血淋巴细胞电离辐射的细胞遗传学效应。

③ 航天员长期太空飞行的能量需求。

④ 人类在ISS长期停留期间和之后的神经内分泌和免疫反应。

⑤ 运动感知：前庭对g过渡的适应。

⑥ 研究航天员在太空飞行中的下腰痛。

⑦ 飞行后再适应期间的耳石评估。

二、生物学和生物技术

1. 细胞生物学和生物技术

· 鸟类开发设施-正常重力改变环境下鸟类耳石系统的开发和功能。

· 鸟类发展设施-鹌鹑胚胎骨骼发育。

· 细胞生物技术操作支持系统：人类肾皮质细胞分化和激素产生。

· 细胞生物技术操作支持系统：利用NASA生物反应器研究细胞周期调控——结肠癌微重力转移机制。

· 细胞生物技术操作支持系统：评估卵巢肿瘤细胞生长和基因表达。

· 细胞生物技术操作支持系统：PC12嗜铬细胞瘤细胞-优化空间3D细胞培养生物技术的成熟模型系统。

· 细胞生物技术操作支持系统：用哺乳动物细胞生产重组人促红细胞生成素。

· 细胞生物技术操作支持系统：微重力对人体淋巴组织免疫功能的影响。

· 细胞生物技术操作支持系统：流体动力学研究。

· 商用通用生物加工设备-太空抗生素生产。

· 商业通用生物加工仪-肾细胞基因表达。

· 商用通用生物加工仪-微重力下的突触发生。

· 微胶囊静电处理系统。

· StelSys肝细胞功能研究。

· 基因、免疫和细胞对单一和组合空间飞行条件的反应-A。

· 基因、免疫和细胞对单一和组合空间飞行条件的反应-B。

相关实验仪器如图3-17所示。

图3-17　啮齿动物研究硬件系统

2．微生物学

2020年8月，科学家报告称，根据在国际空间站进行的研究，发现来自地球的细菌，尤其是对环境危害具有高度抵抗力的耐辐射奇球菌（Deinococcus radiodurans）在外层空间存活了3年。这些发现支持了生源说的观点，即生命存在于整个宇宙中，以各种方式分布，包括空间尘埃、流星体、小行星、彗星或受污染的航天器。

- 微生物耐药性毒力。
- 航天飞行对微生物基因表达和毒力的影响。
- 美国国家实验室探路者-细胞。
- 美国国家实验室探路者-疫苗-1A。
- 美国国家实验室探路者-疫苗-1B。
- 美国国家实验室探路者-疫苗-1C。
- 美国国家实验室探路者-疫苗-2。
- 美国国家实验室探路者-疫苗-3。
- 美国国家实验室探路者-疫苗-4。
- 美国国家实验室探路者-疫苗-5。
- 实验微生物系统的被动观测站。
- 肺炎链球菌空间基因表达。
- 表面、水和空气生物特性-航天器环境中微生物和过敏原的综合特性。
- 酵母-基团激活包。

3．植物生物学

- 高级Astroculture™植物生长室。
- 生物质生产系统。
- 形成层。
- 利用细胞壁/反向遗传学方法，探索微重力条件下拟南芥支持组织细胞壁动力学基因和抗壁/微管-膜-细胞壁连续体在植物重力抗性中的作用。

· 拟南芥重力相关基因-A。

· 重力加速度阈值。

· 重力感应阈值加速-2。

· 利用现有的飞行资源（Lada-VPU-P3R）验证蔬菜生产单元（VPU）的植物、协议、程序和要求。

· 微重力对拟南芥多世代研究的分子和植物生理学分析。

· 美国国家实验室探路者-细胞-3：麻疯树生物燃料。

· 根区衬底的优化（ORZS）用于减重实验。

· 光合作用实验和系统测试与操作。

· 植物通用生物加工仪器。

· 转基因拟南芥基因表达系统。

· 根向光性的一种新的感觉机制分析。

相关研究如图3-18所示。

4. 蛋白质结晶

· 先进的蛋白质结晶设备-Camelids（骆驼科）抗体的特殊结构特征。

· 高级蛋白质结晶设备-蛋白质晶体的溶液流动和分子紊乱：高质量晶体的生长，Lumazin晶体的运动和铁蛋白晶体的生长。

· 先进的蛋白质结晶设备-不同生长条件对微重力条件下生长的Thaumatin（奇异果甜蛋白）和天冬氨酸tRNA合成

图3-18　水菜在国际空间站内生长

酶晶体质量的影响。

· 高级蛋白质结晶设备-微重力下人低密度脂蛋白（LDL）亚组分的结晶（APCF-脂蛋白）。

· 先进的蛋白质结晶设备-测试微重力蛋白质结晶（APCF-溶菌酶）的新趋势。

· 高级蛋白质结晶装置-下一代Octarellins（APCF-Octarellins）的结晶。

· 高级蛋白质结晶设备-微重力下的蛋白质结晶，胶原模型（X-Y-Gly）多肽以（Pro-Pro-Gly）10（APCF-PPG10）为例。

· 高级蛋白质结晶设备-微重力下Rhodopsin（视紫红质）的结晶。

· 商品蛋白质晶体生长-高密度。

· 动态控制蛋白质晶体生长。

· 蛋白质晶体生长-增强型气态氮杜瓦瓶。

· 蛋白质晶体生长-单储物箱热封闭系统-改进晶体衍射质量。

· 蛋白质晶体生长-单储物箱热封闭系统-利用微重力结晶整体式膜蛋白。

· 蛋白质晶体生长-单储物箱热封闭系统-基于同步加速器的晶体质量镶

图3-19　超大蛋白质晶体可以帮助治疗地球上的疾病

嵌度测量和理论建模。

相关研究如图3-19所示。

5. 其他的实验

· Dome基因实验（Dome Gene）。

· 曝光实验（Expose）。

· Fischer大鼠甲状腺低血清5%（FRTL5）。

· 高品质蛋白质结晶（HQPC）。

· 检测人培养细胞TK（胸苷激酶）突变体LOH（杂合性丢失）谱的变化-暴露于空间环境后哺乳动物培养细胞中p53调控基因的表达。

· 微重力对造血系统的影响：新细胞溶解的研究。

· 细胞凋亡在淋巴细胞抑制中的作用。

· 不同g水平下拟南芥根系的摆动和卷曲。

相关研究如图3-20所示。

图3-20　航天员对细菌样本的DNA进行测序

三、物理与材料科学

1. 燃烧科学

· 火焰熄灭实验（FLEX）。

· 共流实验中的烟点（SPICE）。

2. 流体物理

· 毛细管流动实验。

· 用于研究临界液体和结晶的装置：高温镶件。

· 流体合并黏度测量（FMVM）。

· 微重力下的混相流体（MFMG）。

· 剪切拉伸流变实验（SHERE）。

· 可选光学诊断仪器-振动对液体扩散的影响。

3. 材料科学

· 二元胶体合金测试-3和4：临界点（BCAT-3-4-CP）。

· 二元胶体合金测试-3：二元合金（BCAT-3-BA）。

· 二元胶体合金测试-3：表面结晶（BCAT-3-SC）。

· 二元胶体合金测试-4：多元分散（BCAT-4-Poly）。

· 二元胶体合金测试-5：三维熔体（BCAT-5-3D-Melt）。

· 二元胶体合金测试-5：竞争（BCAT-5-Compete）。

· 二元胶体合金测试-5：相分离（BCAT-5-PhaseSep）。

· 固液混合物中的粗化-2（CSLM-2）。

· 用于研究临界液体和结晶的装置：定向凝固镶件（DECLIC-DSI）。

· 空间胶体的快速物理（EXPPCS）。

· 黏性液体泡沫 - 大块金属玻璃（泡沫）。

· 研究胶体乳液的顺磁性团聚体结构（InSPACE）。

· 研究胶体乳液 -2 的顺磁性团聚体结构（InSPACE-2）。

· 材料国际空间站实验（MISSE 1，2，3，4，5，6a，6B，7 和 8）。

· 材料科学实验室 - 扩散和磁控对流条件下技术合金凝固过程和铸件组织形成过程中的柱状到等轴转变。

· 了解微重力环境下可控定向凝固过程中的孔隙形成和流动性（PFMI）。

· 可选光学诊断仪器 - 胶体溶液聚集（SODI- 胶体）（ISS 实验）。

· 空间动态响应超声矩阵系统（SpaceDRUMS）。

· 密封安瓿中使用挡板固化（SUBSA）。

· 沸石晶体生长（ZCG）。

材料科学研究装置如图 3-21 所示。

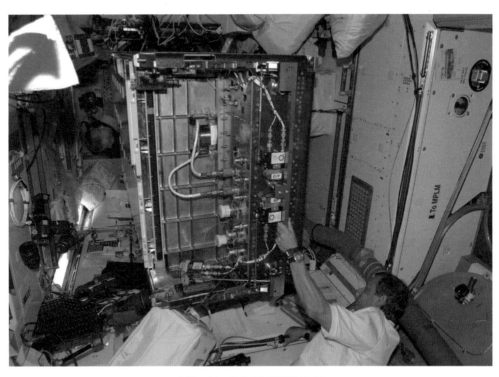

图3-21　材料科学研究装置

4. 量子物理学

· 冷原子实验室。

5. 其他实验

· 乳化液稳定性的基础和应用研究。
· 微重力下地球物理流体流动模拟。

6. 技术开发

· 描述国际空间站的微重力环境。
· 主动机架隔离系统-ISS特性实验。
· 微重力加速度测量系统（MAMS）。
· 空间加速度测量系统Ⅱ。
· 国际空间站的环境监测。
· 环境空气干涉仪分析（ANITA）。
· 喷气推进实验室电子鼻（ENose）。
· 芯片上的实验室应用开发-便携式测试系统（LOCAD-PTS）。
· 芯片上的实验室应用开发-便携式测试系统-勘探。
· 车辆舱室大气监测（VCAM）。
· 皮卫星和控制技术。
· 阿凡达探索：机器人在国际空间站执行自主操作。
· 双RF（射频）天体动力学GPS轨道导航卫星。
· 中甲板主动控制实验-Ⅱ。
· 同步位置保持、接合、调整、实验卫星。
· 空间实验计划-h2-微机电系统（MEMS）。
· 空间实验计划-h2-雷达围栏应答器。

四、地球与空间科学

1. 地球科学

· 农业相机（AgCam）。

· 机组地球观测（CEO）。

· 船员地球观测 - 国际极地年（CEO-IPY）。

· ISS-RapidScat

2. 空间科学

· 阿尔法磁谱仪 -02（AMS-02），如图3-22所示。

· 中子星内部成分探测器（NICER），NICER望远镜如图3-23所示。

图3-22　阿尔法磁谱仪-02

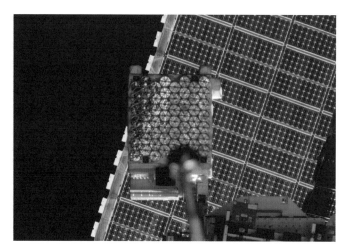

图3-23　NICER望远镜

第五节　国际空间站造福人类的15种方式

　　国际空间站的第一个十年是建设的十年。第二个十年从最初的研究转向完全使用轨道实验室。现在已经进入了收获成果的十年，和以往相比取得了更大的突破。这些成果也在不断地造福人类，概括起来说，国际空间站造福人类的方式有15种。

一、生产下一代医疗扫描技术

　　为了研究中子星，NICER（中子星内部成分探测器）背后的团队创造了一种可以快速打开和关闭的X射线源的技术，并申请了专利。这也恰好是马萨诸塞州总医院的一位神经放射学家在寻求改进CT（计算机体层成像）扫描时所需要的。

　　传统的CT机体积大、质量大、耗电大。这使得它们难以在资源很少的环

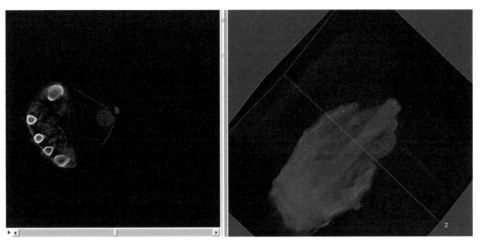

图3-24　研究团队在测试新的CT扫描技术时获得的人手扫描图

境中部署。马萨诸塞州总医院和NICER团队没有使用旋转大型X射线机来捕获CT扫描，而是合作创建了一个由这些小型新调制X射线源组成的固定环，可以安装在患者周围，在需要时发射。这种技术可以减少患者受到的辐射量，即使在较低的辐射水平下也能获得更好的图像质量，如图3-24所示。

限制辐射暴露对现在地球上的患者很有帮助，也可能对未来前往火星的宇航员有帮助。该设备已获得专利，目前正在进行额外工作以将其从原型变为可测试设备。

二、为进行性假肥大性肌营养不良等疾病创造新药

国际空间站对一种与进行性假肥大性肌营养不良（DMD）相关的蛋白质晶体结构进行了研究，这是一种无法治愈的遗传疾病，这项研究为找到可能抑制它的化合物提供了线索。日本筑波大学的一位教授利用这些线索设计了几种有前途的化合物，包括TAS-205。2015年的一项研究验证了TAS-205用于人类的安全性，并于2017年进行了一项针对人类患者的小型临床试验。一项检验TAS-205在类似于实际临床使用情况下的有效性的3期试验于2020年12月开始，并将持续到2027年。

研究小组估计，这种药物可能会使DMD的进展减慢一半，有可能使许多患者的寿命延长一倍。

三、形成动物用人造血的成分

除了在药物开发方面显示出希望外，日本宇宙航空研究开发机构（JAXA）在微重力条件下对结晶蛋白质的其他研究也激发了人造动物白蛋白的开发。白蛋白是血液中含量最多的蛋白质，但在地球上难以结晶。研究人员利用空间站从猫和狗身上结晶白蛋白，以更好地了解这些蛋白质的结构以及它们是如何形成的。动物医院的兽医在提供输血治疗方面遇到了麻烦，因为没有大量捐赠的动物血液储存，这一问题可能会通过将这项工作应用于兽医学而得到缓解。

四、机械臂技术在汽车厂的应用

空间站机器人（图3-25）的创造促进了工业强度机器人手套的发展。NASA和通用汽车（GM）开发了Robonaut原型并在空间站上对其进行了

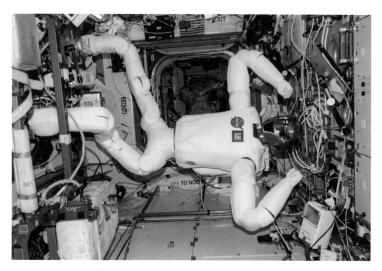

图3-25　国际空间站上灵巧的机器人

测试，在那里它与航天员一起成功地执行了简单的任务。然后，该团队将Robonaut的手形部分重新配置为可穿戴设备，以帮助航天员和汽车工人避免手部疲劳和受伤。该设备最初称为Robo-Glove，现在以Ironhand的形式在市场上销售，由瑞典Bioservo Technologies生产。

五、学生的空间研究

2000年11月以后出生的人一直都知道人类在太空中的生活，他们在一个有国际空间站环绕头顶的世界中长大，他们称之为"发电站"。对他们来说，太空似乎总是可以到达的，来自世界各地的科学家在这里进行研究，来自世界各地的许多学生甚至将他们自己的研究或代码发送到了站点。作为"太空基因"计划的一部分，他们帮助进行了DNA测序实验，或者作为Kibo机器人编程挑战赛的一部分，使用他们的代码控制机器人。许多人已经从空间站设计和部署了小型卫星，将他们的工作送入近地轨道。

六、城市降温、溯源

来自NASA ECOSTRESS（图3-26）有效载荷的数据已经有很多应用。ECOSTRESS测量温度的细微变化以识别植物压力，这些相同的测量值可用于识别极端高温，例如由火灾或熔岩流产生的高温，并研究城市中暖水流和热浪的运动。

ECOSTRESS数据已被用于减少城市表面吸收的热量、更好地分配水、降低森林火灾风险、测量植物压力、寻找地热能源、追踪蚊子以及帮助农民有效地浇灌田地。例如，Cool Streets LA研究人员研究可以减少城市热量的不同材料，使用来自ECOSTRESS的数据来了解社区的表面热量在应用涂料时是如何变化的。他们发现一层薄薄的灰色涂层可以使沥青路面像混凝土路面一样反射太阳，将周围的温度降低约16摄氏度。

图3-26　国际空间站上的ECOSTRESS

七、地球上的超声波程序

对于住在医疗设施齐全的大城市的人们来说，获得快速准确的医学成像技术通常不是问题。然而，当医疗设施并不容易到达时，使用这项技术与在医疗设施齐全的环境下相比可能意味着生与死的区别。

为了照顾国际空间站上的航天员，机组人员接受了培训，通过微重力高级诊断超声（ADUM）实验，使用小型超声装置检查其他机组人员，如图3-27所示。

ADUM团队与专注于关键超声的世界互动网络（WINFOCUS）合作，采用为空间站航天员开发的技术，并开发在远程专家指导和培训下快速执行复杂程序的协议，将其用于地球上的偏远地区。使用ADUM方法，WINFOCUS已在60多个国家/地区培训了超过45000名医师和医师推广员。随着当地医疗保健提供者的授权，更多的患者可以获得优质和及时的诊断护理，通过允许早期诊断和治疗，使医疗保健系统更加高效。

图3-27　机组人员利用微重力高级诊断超声（ADUM）实验进行超声检查

八、将空间站空气过滤技术应用于抗击病毒和保存食物

利用NASA的高级天体培养（ADVASC）系统，空间站工作人员成功培育了两代拟南芥植物，这是一种广为人知且经常用于基础生物学实验的模式生物。该系统提供了对植物生长环境参数的精确控制，包括温度、相对湿度、光照、流体养分输送以及二氧化碳和乙烯浓度。航天员使用ADVASC的情景如图3-28所示。

科学家们将ADVASC系统用于地球上的空气净化。该技术最初用于延长杂货店水果和蔬菜的保质期，后来引起了酿酒师的注意，他们在酒窖中使用它来改善储存条件。多家公司现在也在空气净化器中使用这项技术，这些技术被证明可有效消除SARS-CoV-2病毒，这些公司在传染病大流行期间生产和分销了许多净化器。在地球上使用的空气传感器中包含一项用于检测空间站污染物的单独技术，以在共享空间中生成"病毒传播风险指数"，从而引导人们通过减少拥挤或采取其他措施来限制风险。

图3-28　NASA航天员观察ADVASC大豆植物生长实验

九、胶体和日常家居用品

Procter & Gamble（P&G, 宝洁）的最新配方Febreze Unstopables Touch织物喷雾采用触摸激活香味释放技术，是该公司第一个基于其在空间站进行的胶体研究的材料。

胶体是悬浮在液体中的微小颗粒的混合物。它们包括牛奶和浑水等天然混合物，以及从洗发水到药品的制成品。由于重力导致一些粒子上升而另一些粒子下沉，研究胶体变得复杂。微重力消除了这种复杂性，并使美国航天局、国际空间站美国国家实验室和宝洁进行的高级胶体实验（ACE）等研究成为可能。

宝洁表示，该站的工作帮助他们设想和理解配方，使他们能够创造出一种看起来和感觉更像水的液体。截至2022年，空间站的研究已为公司贡献了三项新专利。

十、在太空中制造人造视网膜

人造视网膜可以帮助地球上数百万患有视网膜退行性疾病的人恢复视力。

总部位于美国的公司LambdaVision现在已经五次飞往空间站进行实验，以实现他们在微重力条件下制造人造视网膜的目标。LambdaVision正在评估使用一种称为细菌视紫红质的光激活蛋白开发人造人类视网膜的制造工艺，该蛋白可以替代眼睛中受损感光细胞的功能。该工艺通过一层又一层地施加薄膜来制造植入物。微重力可以通过限制地球上发生的粒子的聚集和沉降来提高薄膜的质量和稳定性。2021年首次展示了在微重力下制造200层薄膜。这是将微重力环境用于改变生活的医疗制造的关键一步。

十一、让患者的癌症治疗更简单

ISS美国国家实验室赞助的PCG-5研究的重点是改善向患者提供药物的方式。该研究致力于培育更均匀的单克隆抗体Keytruda®结晶形式，用于治疗多种类型的癌症，包括黑色素瘤和肺癌。单克隆抗体不易溶于液体，这使得很难制造出一种可以不通过静脉注射的药物，这需要患者在诊所环境中花费数小时才能接受药物。对于单克隆抗体技术的研究如图3-29所示。

微重力能够生长出极高质量的晶体，这使科学家们能够研究蛋白质的结构、改进药物输送、制造和开发更好的方法来储存这些生物分子。

图3-29　欧洲空间局航天员在研究开发单克隆抗体的技术

默克研究实验室的一项研究PCG-5生产了高质量的结晶悬浮液，可以使
Keytruda®通过注射给药，使患者和护理人员的治疗更加方便，同时显著降低成
本。据默克研究实验室称，这项工作正在进行中，其他潜在疗法的研究也在进行中。

十二、太阳系周围的DNA测序微生物

科学家们利用国际空间站作为实验场，研究如何在长期任务中保持航天员
的安全和健康。2016年，美国航天局航天员凯特鲁宾斯成功地在太空进行了第
一次DNA测序，为太空飞行条件下的分子生物学研究打开了大门。她所在的
团队使用了一个不比手机大的设备——MinION测序仪来读取发送到该站进行
研究的样本中的核酸碱基。

这项技术可以使科学家们在空间站或未来的探索任务中快速识别病原体，
甚至如果太阳系其他行星上的生命与我们所知的地球上的生命具有共同的生物
化学特征，那么它有可能识别出其他行星上的生命。在太空中使用该设备还有
助于向在地球上偏远地区使用该设备的研究人员提供信息。

美国航天局航天员凯特鲁宾斯准备进行生物分子测序仪实验如图3-30所

图3-30　美国航天局航天员准备进行生物分子测序仪实验

示。该实验首次证明DNA测序在轨道航天器中是可行的。基于空间的DNA测序仪可以识别微生物、诊断疾病、帮助研究人员了解机组人员的健康状况，并有可能帮助检测太阳系其他地方基于DNA的生命。

十三、监测地球上的热安全

自2009年以来，ESA（欧洲空间局）的ThermoLab实验一直在调查机组人员的体温调节和心血管适应情况。研究发现，空间站乘员在空间站锻炼期间，核心体温的上升速度比在地球上要快。

据推测，由于从体表到环境的自然对流热传递发生了变化，在长期太空飞行中，人体的热平衡、体温调节和昼夜温度节律发生了变化，体液发生了变化（沿着身体的轴线从外围向中心转移），心血管系统发生了变化，自主神经系统发生了变化，还发生了涉及新陈代谢和身体成分的变化。由于这些因素在温度调节方面相互关联特别紧密，因此必须在微重力条件下对该主题进行综合研究。

德国公司Dräger为这项研究开发的测量体温的技术已经开始在地球上产生影响。这些设备部署在许多诊所中，用于监测婴儿保育箱和手术期间的患者，并已用于研究极端高温如何影响肯尼亚和布基纳法索的农民。该设备的其他应用包括监测在极端条件下工作的人（包括消防员和战斗机飞行员）的疲劳迹象。

十四、更好地了解我们所在世界的基础科学

空间站上的许多实验都有新发现，并为一些长期存在的科学谜团提供线索。这些发现有助于研究人员进一步了解人类对燃烧或流体物理学等事物的理解，从而改善从燃油效率到电子冷却的方方面面。

当美国航天局FLEX的研究人员通过研究燃烧的燃料液滴来分析灭火剂时，他们有了一个令人惊讶的发现：燃料液滴在明显的火焰熄灭后持续低温

"燃烧"。现在被称为冷火焰，这与使我们保持温暖的火焰不同。典型的火焰会产生烟灰、二氧化碳和水，冷火焰产生一氧化碳和甲醛。更多地了解这些化学性质不同的火焰的行为可能会有助于开发更高效、污染更少的车辆。

火焰熄灭实验（FLEX）将评估灭火剂在微重力环境中的有效性，并量化不同的可能，探索气氛对灭火的影响。本研究的目的是为下一代乘员探索大规模的车辆灭火实验和灭火剂的选择提供定义和方向。

十五、与电台对话，启迪下一代

与航天员的对话、机组人员记录的故事以及在空间站上录制的教育科学视频带领全人类探索宇宙。国际空间站业余无线电（ARISS）为来自世界各地的学生提供了直接向在轨航天员提问的机会，同时可供他们学习业余无线电操作技术的基础知识。该计划现已将超过250000名参与者与空间站的100多名机组人员联系起来。数十万额外的学生也通过教育下行链路与航天员建立联系，这种方式有助于激励下一代科学家和工程师。

第四章

天宫空间站

中国天宫空间站（简称天宫，如图4-1）由天和核心舱、问天实验舱和梦天实验舱三个舱段组成，呈T字形，天和核心舱居中，问天实验舱和梦天实验舱分别连接于两侧。三舱总质量约69吨，供电指标27千瓦，供给有效载荷功率为17千瓦，占总功率的63%。共安装实验机柜25个，配置有固定式和展开式的舱外暴露实验平台，可支持67个暴露应用载荷。

除了三个舱段外，还有神舟载人飞船和天舟货运飞船。

图4-1　天宫空间站

第一节　天和核心舱

一、结构

天和——意为"天上的和谐"——从字面上和形象上都是中国空间站的核心。天和核心舱（简称天和）由节点舱、生活控制舱、资源舱组成，长16.6米，最大直径4.2米，如图4-2～图4-4所示。天和核心舱于2021年4月29日由长征五号B遥二运载火箭搭载发射。

天和核心舱主要任务是空间站平台的统一管理和控制，并作为目标飞行器支持来访飞行器交会对接、转位与停泊。天和核心舱支持乘组长期驻留，为航天员在轨工作和生活提供保障条件，保证航天员安全。提供出舱活动气闸功能，支持航天员出舱，支持开展密封舱内空间科学实验和技术实验。

图4-2　发射前的天和核心舱

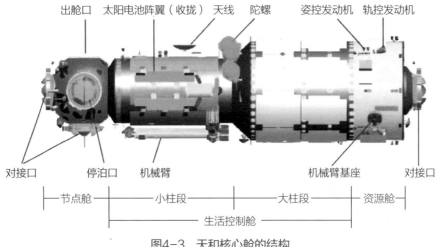

出舱口　太阳电池阵翼（收拢）　天线　陀螺　　姿控发动机　轨控发动机

对接口　　停泊口　机械臂　　　　　　　　　　机械臂基座　　　对接口

节点舱　　　　小柱段　　　　　大柱段　　　资源舱

生活控制舱

图4-3　天和核心舱的结构

图4-4　天和的内部

二、电推进发动机

电推进发动机是一种不依赖化学燃烧就能产生推力的设备。它将太阳能转化为电能，电能再转化为机械能，具有比冲高、推力小、精度高、寿命长等特点。由于电推进发动机不再需要使用固体或液体燃料，因而省去了很多复杂的机构，不仅能大幅减少航天器对燃料的需求，也能大幅减轻航天器的重量。

天和核心舱上配置了大功率LT-100型霍尔电推系统，空间站建成后，一年只需发射一艘13吨级"天舟"货运飞船就可以满足燃料补给需求，而这方面国际空间站每年需要发射4艘货运飞船。

三、柔性砷化镓太阳电池

天和核心舱的电力由两个可操纵的太阳电池阵翼提供，它们使用柔性光伏电池发电。当空间站进入地球阴影时，能量被储存起来为空间站供电。天舟货运飞船将为该模块的推进发动机补充燃料，以保持站位，以应对大气阻力的影响。

"天和"上使用的电池是目前世界上最先进的三结砷化镓太阳电池阵翼。它的光电转换效率高达50%，而传统的晶硅电池通常只有20%左右，理论上限也只不过33%。此外，它还具有很好的耐温性，250℃高温也能正常工作。

在"天和"上使用的太阳电池阵翼单侧翼展为13米，而"问天"和"梦天"两个实验舱的太阳电池阵翼单侧翼展达到30米。因此，天宫空间站的供电能力可达到100千瓦，而体量是"天宫"4倍的国际空间站供电能力只有80余千瓦电量，而且还必须外挂散热片。

四、七自由度机械臂

"天和"上还装备了一只强大有力的"手臂"——长约10米的七自由度机械臂（图4-5），包含2根臂杆、2个末端作用器、2台手眼相机和2台肘部相机。它能够在太空中轻松抓取重达25吨的物体，真实模拟人的手臂，可灵活转动，能将物体运送至空间站外部的任何位置。它甚至还能通过选择合适的转位基座实现舱外爬行。

机械臂的主要功能包括空间站舱段转位与辅助对接、悬停飞行器捕获与辅助对接、支持航天员出舱活动、舱外各类负载搬运、舱外状态监视检查、舱外设备安装及其更换或维修等。

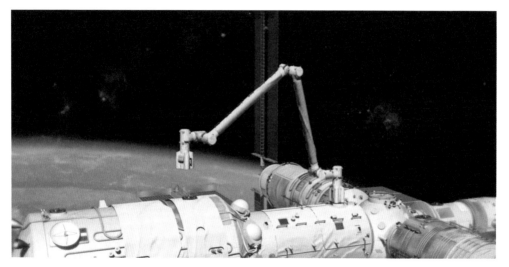

图4-5　核心舱机械臂

机械臂是空间站的核心技术之一，当今世界上只有极个别的国家掌握。比如目前国际空间站上使用的是加拿大斯巴宇航公司生产的第二代空间站遥控机械臂系统，俗称"加拿大臂2"。加拿大也因这项重要贡献获得了国际空间站3%的使用权。

五、节点舱

节点舱（图4-6）是组建多舱体空间站的重要部件之一，有了它，空间站才能像搭积木一样越建越大。虽说它是空间站的"标配"，但"天和"上的节点舱却有着独到之处。

它作为核心舱的一部分，是最早进入太空的舱段之一。它像立方体一样提供了前、后、左、右、上、下六个方向的通道或接口，其中前向接口与生活控制舱相连，左右两个方向专门用于"问天"和"梦天"两个实验舱的停泊，后向对接口和对地方向对接口主要用于飞船的对接或停泊。

节点舱所有的对接口将同时适配神舟载人飞船和天舟货运飞船。加之核心舱的资源舱一侧也有一个对接口，这样就可以同时停靠3艘飞船，至于是载人还是货运，理论上讲可随意搭配，具有很大的灵活性。

另外还剩一个对天方向的通道，并非对接口，而是出舱口。这是为便于航天员在空间站初建阶段进行出舱活动而专门设计的。因此，节点舱还充当了气闸舱的作用，真是“一专多能”。

图4-6　节点舱

第二节　问天实验舱

一、整体结构

问天实验舱（简称“问天”）的舱体总长17.9米，直径4.2米，发射质量达23吨，相关指标高于天和核心舱，“体型”大致相当于一节地铁车厢，是全世界现役在轨最重的单舱主动飞行器。

结构上，问天实验舱由工作舱、气闸舱及资源舱3部分组成，如图4-7、图4-8所示。其中，工作舱用来完成科学实验，气闸舱用来支持太空出舱，资源舱用来储备上行物资。

工作舱长达9米，是目前我国航天器中体型最大、承载最重的密封舱。这里还是航天员的生活工作场所，完成对接后，天宫空间站的“床位”数增加到6个。

问天实验舱携带8个实验机柜、22个舱外载荷适配器，仿佛把一个大型科学实验室搬到了太空。航天员出了“卧室”就能“上班”，可以在太空开展大规模的空间科学实验。

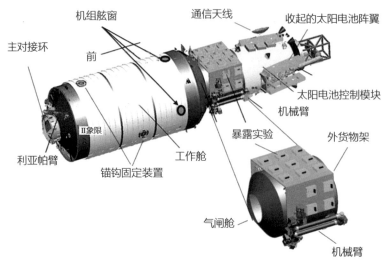

图4-7　问天模块示意图1

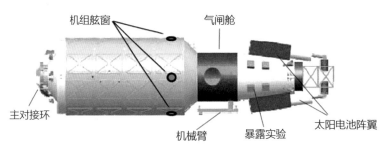

图4-8　问天模块示意图2

二、七大特点

概括起来说，问天实验舱具有七个显著特点。

① 实验柜有8个，以空间生命科学和生物技术研究为主，在空间生命科学和生物技术、微重力流体物理、空间材料科学、空间应用新技术实验等领域规划部署了研究主题。通过这些科学项目的实施，关注生命生长发育和人的健康，探索人类长期太空生存所面临的一系列科学问题。问天实验舱的舱内配置了生命生态实验柜、生物技术实验柜、科学手套箱与低温存储柜、变重力科学实验柜等科学实验设施。其中，两个生物技术实验柜和变重力科学实验柜是开

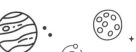

展科学实验的场所；科学手套箱为航天员精细操作科学样品提供安全、高效的支持；低温存储柜用于实验样品在轨存储；生命生态实验柜以多种类型的生物个体为实验样品，将开展拟南芥、线虫、果蝇、斑马鱼等生物的空间生长实验，揭示微重力对生物个体生长、发育、代谢的影响，促进人类对生命现象本质的理解。

② 虽是实验舱，但生命保障系统齐全，还配置了睡眠区、厨房与卫生间。为什么设置了齐全的生活设施呢？主要有两个作用：一是当两个乘组在轨轮换时，6名航天员都有自己的住处；二是因为问天实验舱也是天宫空间站的应急避难场所，一旦天和核心舱出现问题，比如舱体失压，或者被空间碎片撞击，在危及航天员在轨安全时，航天员将进入问天实验舱应急避难，并关闭节点舱双向承压舱门。关闭双向承压舱门后，节点舱将与问天实验舱连为一体，这就保留了航天员进入神舟飞船的生命通道，此时该舱段预备的生活设施将派上用场。如果出现天和核心舱与在轨神舟飞船同时故障的险情，在轨航天员可在问天实验舱待援。

③ 设置了供航天员出舱活动使用的"人员专用气闸舱"，其出舱口朝下，将面向地球一侧出舱，如此设计可以尽可能避免阳光直射的干扰。

空间站任务开启后，我国航天员已经进行了多次出舱活动，天和核心舱上的出舱口所在的舱名为"节点舱"，兼具航天器对接与停泊及航天员出舱多项功能，舱内设备、管路和电缆较多。问天实验舱升空后，航天员今后出舱活动就有了一个专用出舱区——气闸舱。这个气闸舱是一个内圆外方的舱体，具有舱容更大、舱门更宽、舱内更整洁等特点。未来，气闸舱将成为整个空间站系统的主要出舱通道。航天员在节点舱的出舱活动空间大概是七八个立方米，气闸舱可以达到十二三个立方米；气闸舱比节点舱更加整洁，舱内只配置了与出舱相关的设备，没有其他管路电缆的羁绊；舱门直径达1米，比节点舱舱门直径大。

④ 配置了一个小型七自由度机械臂。该机械臂展开长度5米，有3吨承载能力，它虽没有天和机械臂的"出奇大力"，却有着更高的控制精度，可执行更加精细的操作。如问天实验舱舱外配置有大量载荷挂点用于实验载荷的暴露实验，小型机械臂就可以用来抓取相关载荷设备。同时，小型机械臂可以与天

和机械臂级联组合，进而构成一个长度达15米的超长机械臂。

⑤ 在气闸舱的上部，配备了一些暴露实验装置，包括能量粒子探测器、等离子体原位成像探测器，用于获取空间质子、电子、中子、重离子和等离子体等环境要素数据，为航天员健康、空间站安全运营提供保障支持，并可用于空间环境基础研究。

实验载荷直接暴露于空间环境中，经受微重力、高真空、空间辐射、高低温交变、原子氧、微流星等各种极端环境，这是独特的实验场地，研究范围广泛，航天工程材料、电子元器件、生物学、空间物理学都有广泛的实验需求。

⑥ 虽然天宫没有国际空间站（ISS）那样的桁架式（truss）结构，但"问天"和梦天实验舱（简称梦天）的机身可以充当桁架。和ISS一样，"问天"和"梦天"也有非常巨大的太阳电池阵翼，带有二维SADA（Solar Array Drive Assemble，太阳电池阵驱动组件）。通过这一措施，"问天"的巨大太阳电池阵翼可以随时以最优化的方向面对太阳，这保证了整个空间站的充足电力供应。

⑦"问天"不仅仅是一个实验室模块，它还对"天和"的关键功能进行了一些备份，例如姿态控制、通信、数据处理和生命支持，这将使中国的空间站在其超过10年的服务期内足够安全。"问天"与"天和"对接后的示意图如图4-9所示。

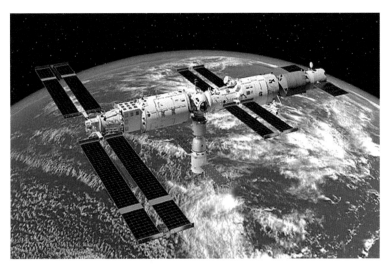

图4-9 "问天"与"天和"对接后的示意图

第三节　梦天实验舱

一、整体结构

与问天实验舱不同的是，梦天实验舱（图4-10）是专用科学实验舱，因而配备的实验装置最多，共有13个实验柜。

除此之外，它还携带一个5米长的小型机械臂，用于操纵舱外有效载荷，其定位精度更高。"梦天"有标准的适配器来承载有效载荷，其载荷整舱测试如图4-11所示。

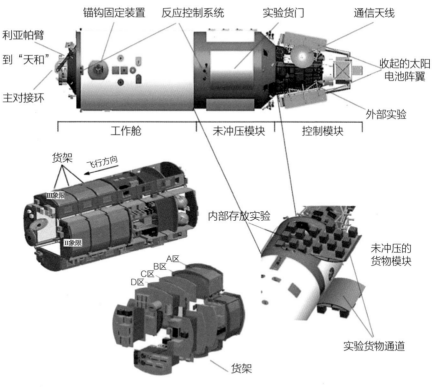

图4-10　梦天实验舱

图4-11　梦天实验舱载荷整舱测试

二、八大特征

梦天实验舱具有八大特征。

① 体积最大。梦天实验舱总长17.9米，最大直径4.2米，该舱又可以细分成工作舱、资源舱、载荷舱、货物气闸舱，这足见其结构复杂。由于大柱段比"问天"长，因此其体积大于问天实验舱。

② 专用科学实验舱，实验柜多，实验项目多。"梦天"共有13个实验柜，主要面向微重力科学研究，配置了流体物理、材料科学、燃烧科学、基础物理以及航天技术等多学科方向的实验柜，支持开展重力掩盖下的多相流与相变传热、基础燃烧过程、材料凝固机理与热物理性质等物质本质规律研究以及超冷原子物理等前沿实验研究。

③ 将建立世界上第一套空间冷原子钟组。在"天宫二号"空间冷原子钟的基础上，将建立世界上第一套由氢钟、铷钟、光钟组成的冷原子钟组，构成在太空中频率稳定度和准确度最高的时间频率系统，开展引力红移、精细结构常数测量等前沿的科学研究，推动时间频率的导航与大地测量等应用。

④ 大面积可展开式暴露实验平台。"梦天"的货物气闸舱还自带多块大面积可展开式暴露实验平台，这也使得它在太空中的体积更大，其有的面向天顶方向，方便接收宇宙射线，有的则面向地球一侧。数量比"问天"上还多，相比国际空间站上的希望号实验舱的效率更高且成本更低。今后需要在舱外安装的实验设备，可以通过货运飞船运送到空间站，再通过货物气闸舱把载荷送到舱外，由机械臂或航天员把它安装到舱外的平台上，就可以实现舱外实验项目不断更新。平台上设有多个舱外暴露实验装置，如空间应用材料舱外暴露实验装置、辐射生物学舱外暴露实验装置等。

⑤ 携带一个5米长的小型机械臂，用于操纵舱外有效载荷，其定位精度更高，而且有标准的适配器来承载有效载荷。

⑥ 设有专用货物气闸舱。这个舱是一个创新性设计，由内舱门、外舱门、载荷转移机构和泄压复压装置四部分构成，它的体积很大，其内舱门采用大开口方形设计，这方便大尺寸货物运送。

⑦ 可在轨"放卫星"。"梦天"配置有微小卫星在轨释放机构，航天员只需在舱内把立方星或微卫星填装到释放机构的"肚子"内，再使用载荷转移机构运送至舱外，到达指定方向后，释放机构就会像弹弓一样，把微小卫星"弹"出去。

⑧ 太阳电池阵翼"二次展开"。"梦天"拥有与"问天"同样的"巨型翅膀"——柔性太阳电池阵翼。收拢后只有18厘米厚，展开后却比一个羽毛球内场的面积还大。为保证交会对接得"又稳又准"，设计团队首创太阳电池阵翼"二次展开"技术，先部分展开以满足能量需求，对接完成后再全部展开，建立完整的能源系统。

第四节　天宫空间站再生式生保系统

长期载人飞行消耗的物资巨大，难以实现完全由地面运送。例如，1千克物资从地面发射到近地轨道的空间站约需2万美元。随着载人航天器从短期飞行的飞船到中、长期飞行的空间站以及更长时间的星际飞行器，载人航天器的生保系统由非再生式生保系统过渡到物化再生式生保系统、环控生保系统。可以说，再生式生保技术是实现中、长期载人飞行最核心、最关键的技术之一。

再生式环控生保系统，顾名思义，就是实现水等消耗性资源的循环利用，保障航天员在轨长期驻留。这个系统可以收集航天员挥发的水分、排放的尿液，还有呼出的二氧化碳，然后把这些收集到的水汽、水和二氧化碳还原成航天员可在轨利用的氧气和水。

天宫空间站的再生式环控生保系统共包括6个再生子系统，分别是电解制氧子系统、二氧化碳去除子系统、微量有害气体去除子系统、尿处理子系统、水处理子系统和二氧化碳还原子系统。其中，水气分离是不少子系统研发过程中都要面对的共同难题。

电解制氧系统将水处理系统提供的水电解生成氧气和氢气，氧气供航天员呼吸所需，氢气排放到舱外或CO_2还原系统。

航天器中航天员呼吸产生的CO_2，分布在舱内的人活动区，为实现CO_2的去除和回收，需要将环境空气中的CO_2收集浓缩。将舱内空气引入CO_2去除系统中，空气中的CO_2经可再生吸附剂吸收后，低CO_2浓度气流返回航天器舱内，控制舱内CO_2浓度在规定的范围内。富集在吸附剂中的CO_2排向CO_2还原系统或舱外，实现吸附剂的再生和CO_2中氧元素的回收利用。

针对航天器内舱体、设备、物资和航天员产生的多达数百种的微量有害气体，微量有害气体去除系统通过催化氧化和吸附再生等方法，实现舱内微量有害气体去除，保证舱内微量有害气体浓度在允许的范围内。通过真空热解吸，将已吸附微量有害气体排到舱外，实现吸附剂再生。

尿处理系统的基本功能是通过减压蒸馏的方法从航天员尿液中提取水，并将符合水质指标要求的蒸馏水输出给水处理系统进行深度净化处理，最终实现尿液中水的回收再利用，降低空间站长期载人运行的水补给需求。

水处理系统的功能是将收集的冷凝水和尿液蒸馏水采用物理化学的方法净化处理成再生水，用于补充航天员饮用水、卫生用水和电解制氧用水，实现水的循环利用，减少水的上行补给需求。对于需要储存的水资源，添加银离子以保证水储存寿命要求。

CO_2还原系统接收并浓缩来自CO_2去除系统解吸的CO_2，与电解制氧系统产生的氢气反应生成水，以水回收的形式实现氢氧元素再生循环使用，进一步提高环控生保系统物质闭合度，减少空间站长期运营期间的补给负担。

第五节　天宫空间站的六个技术特点

我国的空间站虽然起步晚，但具有后发优势，在许多方面都有自己的特点。主要体现在系统集成设计优化、新技术比重大、费效比高、注重航天员安全和高效工作、扩展空间大等方面。

一、注重系统集成设计，追求整体最优

和平号空间站（图4-12）采用组合式积木结构进行建造，在1996年完全建成时，和平号主要包括7个舱段，是当时地球轨道上最大的空间组合体。这种构型的特点是结构紧凑，但存在遮挡太阳电池阵翼的问题。

图4-12　和平号空间站

国际空间站结构如图4-13所示，详见第三章第一节。

图4-13　国际空间站结构

在吸取和平号空间站与国际空间站经验教训的基础上，天宫空间站主要进行了两方面的改进：一是各舱段布局于同一平面内，减少舱段间的舱体相互遮挡；二是借鉴了国际空间站通过桁架将太阳电池阵翼布局于两侧以减少遮挡的设计，通过两个实验舱对置，利用单舱近20米长的主结构及舱段尾部小桁架，将实验舱大面积太阳电池阵翼布局于整体构型的两侧，同时配置双自由度驱动机构，使太阳电池阵翼能够随时与太阳光线垂直，保证发电效率保持在最高状态。

载人航天工程走出了一条符合中国国情、投入较少、发展较快、成果较多、可持续的、富有中国特色的发展道路。

二、跨越式发展，新技术比重大

我国在经过空间实验室阶段任务、突破了交会对接等关键技术的基础上，经充分验证，引入新技术进行天宫空间站的建造，走出了一条稳健的跨越式发展道路。新技术比重大是天宫空间站的显著特征，其采用的空间机械臂技术、再生式环控生保技术、大面积柔性太阳电池阵翼技术、用于姿态控制的等离子体火箭技术等均为我国首次在轨开展应用的全新技术，应用难度大，风险高。通过加隔振器的方式有效过滤掉了噪声，使睡眠区从58分贝降到了49分贝，是理想的睡眠环境，比国际空间站睡眠区的噪声参数降低了很多。舱内实现了WiFi（无线保真）全覆盖，航天员所有的生理参数都通过网络实时下传，航天员可以像在地面上一样看剧、打视频电话，他们的太空生活会更加丰富。

三、规模适度，费效比高

天宫空间站三舱质量约为69吨，虽然与123吨的和平号空间站、423吨的国际空间站相比，规模相对较小，但从建造成本和应用效益的角度综合分析，这是一个符合我国国情和实际需要的理性选择。天宫空间站通过整体统一优化

设计，建成后在控制、信息、能源、资源再生利用、物资补给需求、运营成本、应用效益等方面均达到当代国际先进水平，并在一些方面有所超越，在建造和运营上更为经济合理。

四、科学实验的领域广泛，瞄准世界先进水平

通过分析研究国际空间站上的科学实验项目，结合我国的实际，面向未来，我国科学家提出了许多创新的科学实验项目。这些项目的实施，有利于将我国由空间大国变为空间强国。我国空间站应用任务的内涵与应用领域如图4-14、图4-15所示。

图4-14　我国空间站应用任务的内涵

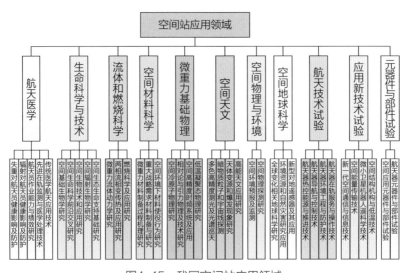

图4-15　我国空间站应用领域

五、以人为本，工作生活安全高效

天宫空间站研制坚持以人为本的理念，一方面确保航天员在轨驻留的安全舒适，另一方面注重支持航天员主观能动性的有效发挥，充分体现人在空间站建造和运营中的独特作用。尤其在保障航天员绝对安全方面，做了大量细致的工作。

六、多功能主动光学设施

共轨飞行的巡天光学舱（CSST）的配备，如图4-16所示，可使我国的空间天文观测达到世界先进水平。CSST将在与空间站相同的轨道上独立飞行，同时保持较大的距离。它可以与空间站对接，按计划或根据需要进行维修。CSST可在大视场内实现卓越的图像质量，这使其在测量观测方面具有优势。

CSST主镜直径2米，以接近哈勃太空望远镜的分辨率和大百倍的视场开展多色测光和光谱巡天，研究宇宙加速膨胀的机理和暗能量本质，检验宇宙学模型，研究暗物质属性、银河系三维结构以及恒星、黑洞、星系、类星体等多种天体的形成与演化的规律。期望在巡天观测深度和分辨率方面超越同期计划，争取获得革命性的新发现。

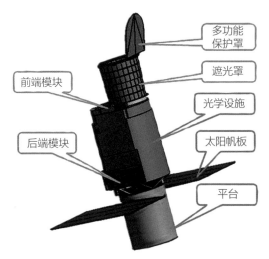

图4-16 多功能主动光学设施（即CSST）示意图

七、着眼未来，扩展空间大

天宫空间站建造完成后将在轨运营10年以上，需具备良好的舱段扩展和应用支持扩展能力。根据空间科学技术研究、空间应用和国际合作的需要，灵活进行扩展。天宫空间站在方案设计阶段即对未来的扩展方案进行了统筹考虑，在现有三舱构型基础上，预留了机、电、热等扩展接口，具备扩展对接3个新舱段形成约180吨六舱组合体的扩展能力。天和核心舱在大柱段舱外预留1个大型载荷挂点的接口，支持在轨安装大型载荷。问天实验舱舱外预留1个扩展暴露载荷平台接口和1个大型载荷挂点接口，支持在轨安装扩展暴露载荷平台和大型挂接载荷。

第六节　中国建成空间站的重要意义

天宫空间站的建成，使我国在人类的第四活动领域占有了一席之地，这对我国的政治、军事、经济、社会、科技产生了巨大而深远的意义。这些意义主要体现在以下几方面：

①独立自主地建成天宫空间站，极大地激发了中华民族的自信心、自豪感和爱国精神，提高了全民族的凝聚力。当中国人用自己研制的载人飞船，把自己培养的航天员顺利地送上天，又安全地接回来以后，在国内外产生的巨大反响充分证明了载人航天事业对提高我国国际地位起到了不可估量的作用。在2024年以后，太空很可能只有中国的空间站，那时，中国人的自豪感、中国人的自信心会更加强烈。这种自信心将化为无穷的力量，使我国在实现中华民族伟大复兴的征程中不断创造新的辉煌。

②建设空间站可直接带动整个科技产业链及相关科技的进步，具有重大的

战略意义。空间站的实验舱皆由我国自己设计建造，均实现了产品、部组件、原材料、关键元器件的国产化。再以新一代运载火箭为例，研制中许多先进技术经过转化，已成功运用到大型客机、高铁、风力发电等行业的设计研发中，直接服务于国民经济发展，有效提升了我国的基础工业技术水平，带动了基础研究领域、工业制造领域、数据应用领域等诸方面的长足进步。航天基础设施也因载人航天工程实施获得了进一步改善。航天科技集团按照确保载人航天工程研制需要的总体要求，所属单位大型实验设备更新换代，现代化的实验厂房拔地而起，改变了过去分散的科研建设布局，构成了航天科技集团向前迈进的新的加速器。这些基建项目的使用为载人航天工程和航天科技工业的可持续发展打下了坚实的基础。

③载人航天工程也稳定和发展了科研队伍。航天科技集团通过传帮带和对优秀人才的大胆使用、信任支持，让越来越多的年轻人在关键岗位上和重大项目攻关中经风雨、见世面、壮筋骨、长才干。现在，航天科技集团已建立起了一支以中青年科技人员为主的科研、生产、实验和管理队伍，为加快建设世界一流航天企业集团、全面开启航天强国建设新征程注入了源源不断的动力。

④中国有了自己的太空实验室，今后将陆续开展多学科、高水平的科学实验，使我国在空间科学和技术领域不断攀登世界高峰。事实上，在空间站建设的初期，我国就不断地开展空间科学实验，并取得了可喜的成果。在第一步载人飞船任务中，安排了我国当时规模最大，领域方向最广的空间科学与应用计划。在神舟二号（SZ-2）飞船到神舟六号（SZ-6）飞船上开展了28项科学实验。在2007～2017年的第二步空间实验室任务中，在神舟七号、神舟八号飞船，天宫一号、天宫二号空间实验室，以及天舟一号货运飞船上，开展了50余项空间科学实验。在空间站全面建成后，我国正在4个领域、32个研究主题、25个科学实验柜、3个空间暴露装置，陆续开展1000多项科学实验。展望未来，成果将更加辉煌。

⑤空间站科技成果不断向民用转化，有力地推动国民经济各行业的发展。航天科技创造美好生活，带动我国诸多领域和行业的创新发展与产业提升，形

成了巨大的拉动和辐射效应。据初步统计，30年来，已有4000余项技术成果被广泛应用于国民经济的各个行业，带动相关产业升级，推动经济社会发展。在飞船系统中衍生出的可见光照相、卷云探测、中分辨率成像光谱仪、多模态微波遥感、地球环境监测、空间材料、微重力流体物理、空间生命科学、空间天文和空间物理以及空间环境预报与监测等分系统和有效载荷，绝大部分被后续卫星型号直接选用，或者稍加适应性修改后采用，大大缩短了这些卫星的研制周期，推动了有关学科的发展。至于飞船本身及其技术更为载人航天以及探月工程、深空探测等打下了良好的发展基础。

⑥促进国际合作，扩大我国的影响。虽然中国空间站2022年底才全面建成，但是入驻中国空间站的"热潮"一直没有停止过，并且是越来越强，第一批申请加入中国空间站的总计是有27个国家。我国最终同意了17个国家入驻空间站，这里面包含了中国，除此之外还有瑞士、波兰、德国、意大利、挪威、法国、西班牙、荷兰、印度、俄罗斯、比利时、肯尼亚、日本、沙特阿拉伯、墨西哥、秘鲁。随着天宫空间站的所有实验设施投入使用，会吸引更多的国家入驻天宫，中国的空间站将成为名副其实的"国际空间站"，中国将为发展太空人类命运共同体做出新的贡献。

第五章

中国空间站的科学实验项目

第一节　微重力环境给科学实验带来的益处

地心引力支配着我们的生活。我们的身体针对地球重力进行了独特的调整。可以说，地球的重力影响着我们整个身体，从我们心脏跳动的强度到我们骨骼的密度。重力也影响着我们的科学。在地球上进行的所有实验都受到重力的影响，随着重力的消失，许多事物都会发生变化，从而为以全新的方式观察事物提供了机会，但这在地球上是不可能的。

空间站为科学研究创造了一个微重力环境，使科学家能够发现这些变化，观察这些现象，为新的科学概念打开了一扇窗户。

微重力研究有助于我们了解生物和物理系统的内部运作，从而推动药物开发、生物技术、农业和材料科学的进步。

微重力环境甚至可以为更好地制造某些材料，例如更高效的光纤电缆提供条件。

人体含有超过10万种蛋白质，这些蛋白质结构中的每一种都是不同的，并且包含对我们健康的重要信息。阐明这些结构很重要，空间站的微重力条件使我们能够培育出高质量的晶体，为地球上的生命创造新的可能性和打开发现之门。

一、微重力下的燃烧科学

微重力燃烧实验的主要焦点与太空防火安全或更好地了解地球和太空中的实际燃烧有关。减少重力产生的火焰看起来与地球上的火焰有很大不同（图5-1）：由于空间站几乎没有重力，火焰往往是球形的。在地球上，来自火焰的热气体上升，而重力将更冷、更密集的空气拉到火焰底部，这会使火焰具有长长的形状以及闪烁的效果。在微重力下，这种流动不会发生，燃烧实验中的变量减少，燃烧更简单并产生球形火焰。

图5-1 地球重力（左）和微重力（右）下的蜡烛火焰显示了它们燃烧的差异

  燃烧实验的开发是为了安全地进行实验，而不会对航天器或其机组人员造成风险，这就是国际空间站在2008年创建了燃烧集成机架（CIR）的原因。CIR与微重力科学手套箱等设施一起创造了一个安全可靠的环境，在该环境中研究燃烧不会将乘员置于危险之中。CIR提供通用硬件来支持广泛的燃烧实验，研究人员还提供了进行各种燃烧实验所需的额外硬件。相关实验如图5-2所示。

  在过去20～30年的燃烧研究中，最大的发现之一是在国际空间站的FLEX（火焰熄灭实验）中。FLEX通过研究CIR中燃烧的燃料液滴来分析灭火剂的有效性，当时研究人员意外地得到了与冷火焰有关的惊人发现。

  然而，CIR并不是使用空间站进行燃烧实验的唯一方法。另外还有Saffire实验。该实验是在无人天鹅座飞船脱离空间站后进行的。这些实验发生在空间站之外，可以研究诸如火势蔓延和微重力大火焰中氧气使用等主题。

  目前，科学家们正在轨道实验室进行一组称为微重力高级燃烧（ACME）实验。这些实验被组合在一起，因为它们在工作站上使用相同的模块化硬件集，它们将共同产生有助于提高燃料效率并减少地球实际燃烧中污染物产生的数据。

通常，地球上的大多数火焰都在空气中燃烧，同时会引入惰性气体与氧气。这项研究将惰性气体与燃料一起引入，而不是与氧气一起引入。事实证明，这对火焰有很大的影响。在这种情况下，无论是使用氧化剂还是燃料引入惰性物质，即使火焰的温度可能相同，对烟灰形成或火焰强度的影响也大不相同。

火焰设计正在研究不同火焰条件下产生的烟灰量。每次测试都会产生火焰，并且可能产生在受热时会发出黄色光的烟灰簇。这些烟灰簇在微重力下比在地球上长得更大，因为烟灰在火焰中停留的时间更长。

根据特定应用的需要，该实验的结果可以设计出有更多烟灰或无烟灰的火焰。当完全完成燃烧过程时，通常会希望完全燃尽所有烟灰，发电时确实如此。在其他一些情况下目标是生产炭黑，这是一种烟灰形式。该实验的结果可能有助于创建更高效、污染更少的燃烧器设计。

从轨道实验室的这些燃烧实验中获得的知识有助于我们更好地了解地球上的火，在为未来的低地球轨道以外的任务做准备时，这将是至关重要的。未来研究的一部分是关注部分重力，了解这一点对于月球或火星等其他星球的消防安全很重要。

图5-2　国际空间站上的固体燃烧与抑制实验

二、微重力对研究生命科学的好处

微重力对研究生命科学的好处如下。

为研究细胞行为、推进再生医学和测试提供了更有效的模型，有利于研发更有效的新药，对癌症或骨质疏松症产生积极影响。

模拟人类疾病，微重力研究有助于在加速衰老或疾病模型中分析和测试治疗方法。

分析蛋白质和大分子，使制药公司可以改进药物设计，在药物制造、储存、特异性和功效方面进行创新。

推进纳米流体和生物技术，有利于学习植物生物学，提高作物产量、增加生物燃料产量和开发新品种。

有一些证据表明离子通道可能对重力敏感。这些门蛋白允许分子通过膜，在大肠杆菌中，与微重力相比，重力下一些离子通道允许更多的分子扩散通过，并且在重力增加的情况下保持开放的时间更长。几十年来，我们从地球上的实验中知道，如果你改变膜参数，所有离子通道都会受到影响。

细胞膜由具有亲水性磷酸盐头部和由两条脂肪酸链组成的疏水性尾部的磷脂双层组成。在微重力环境下，膜变得更加流动，如果我们进入超重力环境，它会变得更加僵硬。每个细胞都有一个细胞膜，无论是大脑细胞还是皮肤细胞，它都会对重力变化做出反应，因为无论是哪个细胞，膜的流动性都会发生变化。我们不确定到底发生了什么，它在分子水平上意味着什么。

一个有趣的结果是药物在微重力下对人体生理的影响。药物在微重力下的作用会发生变化，因为例如麻醉剂或止痛药必须整合到膜中，如果膜的状态发生变化，这意味着这些药物的整合发生了变化。一些药物，如布洛芬和利多卡因，在微重力环境下的作用不同，就是这个原因。从长远来看，我们不知道生物系统是否能够适应和改变微重力，以及在调整期后是否可能允许药物以与正常重力相同的方式起作用。

三、微重力给材料科学带来的益处

① 微重力减少热对流和溶质对流。微重力促进了微结构的扩散控制生长和均匀凝固，还可促进粒子均匀分布。

② 微重力增加半导体中掺杂剂的均匀性。半导体通常掺杂以建立特定的电子特性（即n型或p型）。地球上的对流会导致这些掺杂剂的分布不均匀，降低晶体对其预期应用的适用性。而在微重力环境中没有对流，可以使掺杂剂均匀分布。

③ 微重力扩展了无容器加工的可能性。能够精确测量材料性能，如黏度和表面张力；促进成核研究；增加晶体的大小；减少与容器壁接触的缺陷密度。

④ 微重力使研究通常被重力掩盖的物理现象成为可能。热毛细效应和表面张力效应变得至关重要，去除先导效应允许开展颗粒材料的研究，没有浮力对流使得研究具有自由表面的系统中的热毛细和溶质毛细效应十分便利。

国际空间站上的材料科学实验如图5-3所示。

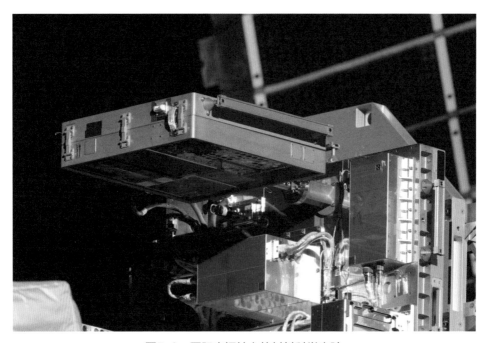

图5-3　国际空间站上的材料科学实验

四、微重力条件下流体的特点

没有浮力和沉降，对密度不同的物质会均匀分散，从而产生制造更高级材料的潜力。

没有对流，可以制造不受对流影响的材料，从而制造出地球上无法生产的更高质量的材料。

没有静水压力，这在使用软材料时非常有效。

液体可以在没有容器的情况下飘浮在空气中，这使得确定液体的特性、了解化学反应、在无容器环境中开发具有新功能的新材料以及开发不受容器污染的新材料成为可能。

第二节　天宫空间站的科学实验

一、生命科学与人体研究

天宫空间站的问天实验舱主要面向空间生命科学研究，配置了生命生态、生物技术和变重力科学等实验柜，能够支持开展多种植物、动物、微生物等在空间条件下的生长、发育、遗传、衰老等响应机理研究，以及密闭生态系统的实验研究，并通过可见光、荧光、显微成像等多种在线检测手段，支持分子、细胞、组织、器官等多层次生物实验研究，还能提供$0.01g \sim 2g$的变重力模拟，支持开展不同重力条件下生物体生长机理的对比研究。问天实验舱计划设置8个实验柜，目前已经安装的有4个，分别是生命生态科学实验柜、生物技术实验柜、科学手套箱和低温存储柜、变重力科学实验柜。

生命是一个高度有机的复杂系统，一个典型的生命系统中，不同的器官、组织、细胞需要密切配合，才能够正确地执行生命活动，完成生物的生命周期。而任何生命活动的实现，都依赖于细胞内部发生的细微变化，例如基因的开关、蛋白质的折叠等。

所以，观察太空环境对生命的影响，有两种完全相反的出发点：一种是宏观角度，以生物个体（包括植物、动物等）为对象，开展生物的微重力效应和空间辐射效应研究，以及空间生态生命支持系统基础研究，揭示微重力对生物个体生长、发育与衰老的影响；另一种是微观角度，以生物组织、细胞和生化分子等不同层次多类别生物样品为对象，观察这些生物样品在太空环境中的变化和结构特点。

生命生态科学实验柜对应着宏观角度，主要为植物、水生生物、小型模式动物和小型哺乳动物等多类别生物样品提供相应的培养环境与生命保障。简单地说，就是一个"太空旅馆"，"邀请"一些生物到太空去"做客"，观察它们在太空中是否"住得习惯"。

而生物技术实验柜（图5-4）则对应着微观角度，支持开展生物技术及应用研究。形象地讲，就是把生物组织、细胞和生化分子带到空间环境中进行培养或反应，通过观察它们的变化和结构特点，试图寻找到关于生命最底层逻辑的线索。

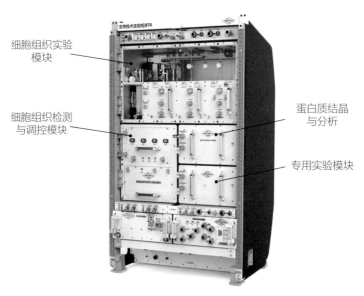

图5-4　生物技术实验柜

人系统研究机柜（图5-5）具备进行生理学检测和行为学检测的能力，支持开展长期空间环境条件下生理效应、人的能力研究和以发展新型防护技术为目标的实验。其主要功能包括：①对人体的心血管、肌肉、骨骼、神经系统等进行生理功能检测，并具有数据同步采集分析能力；②对人体的基本能力进行测量和研究；③提供适应空间微重力环境的样本培养装置，保障细胞、组织等医学实验样本正常生长、增殖、分化，并对空间实验过程实施动态监测、精细观察和在轨分析检测；④具备基于拉曼光谱分析的在轨营养代谢组学研究能力；⑤具备在轨实验样品和模块更换以及数据的综合分析处理能力。

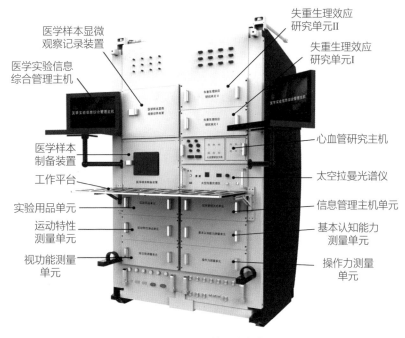

图5-5　人系统研究机柜

二、微重力流体力学与燃烧科学实验

中国科学院力学研究所微重力研究团队为中国载人空间站研制了流体科学实验柜，包括流体物理实验柜科学实验系统和空间两相系统实验柜（图5-6）

流体动力学模块

复杂流体模块

主动隔振装置

实验电控装置

图5-6　空间两相系统实验柜

科学实验系统。这是梦天实验舱的两个流体科学实验柜，用于开展空间微重力环境中流体的宏观运动、微观运动、扩散过程以及相变过程、多相流体体系的研究，还可以支持空间材料、空间生命科学和生物技术等领域采用透明介质的实验研究。

　　两相系统实验柜主要是支持开展空间蒸发与冷凝相变、沸腾传热、两相流动与回路系统、空间流体控制等关键科学问题与技术应用研究。这个科学实验系统具有创新性设计、实验面广、功能性强、模块可更换以及与国际接轨等特点，是国际上第一个专门用于空间两相系统研究的大型空间实验平台。

　　流体物理实验柜以具有重要科学意义和重大应用背景的流体物理基础性研究为主，聚焦空间科学、深空探测发展急需的流体工程技术性问题研究。科学实验系统集成研发了15种先进流体测试技术，用于流体动力学和复杂流体的空间微重力科学实验，也可开展与材料制备和空间生物技术相关的热质输运过程研究。这个科学实验系统具有自主设计、创新研发、高度集成、功能拓展等特点，是国际上技术最先进、最完备的空间微重力流体物理实验平台。

燃烧科学实验柜（图5-7）是能够支持在轨开展微重力燃烧基础科学研究的一套科学实验系统。该系统中气体供给、点火燃烧、图像拍摄、废气排放等燃烧实验流程可以全自动进行，能够测量火焰形貌、结构、温度、速度、产物组分等信息。

图5-7　燃烧科学实验柜

燃烧科学实验柜搭载了一套PIV（粒子图像测速）技术设备，是国际上首次利用该技术在空间站环境中开展燃烧速度场测量。燃烧科学实验柜可以帮助科学家对燃烧基础科学问题、空天推进、航天器防火灭火、燃烧污染物控制等基础问题及应用技术展开深入研究。

三、空间材料科学实验

空间站的空间材料科学方向主要支持的研究内容有：生长（凝固）界面稳定性与缺陷控制，过冷、形核与晶体生长过程，相分离与聚集行为，高性能材料空间制备及工艺研究，熔体物理性质测量与研究，材料在空间环境下的行为特性研究以及其他适于在空间站上开展的空间材料科学实验。在这个方向安排了高温材料科学实验柜和无容器材料实验柜来支持空间材料科学研究。

高温材料科学实验柜（图5-8）支持开展金属合金、半导体光电子材料、纳米和介孔材料、无机功能材料等多种类别材料的熔体生长和凝固科学实验。

批量样品管理模块

实验电控模块

高温炉模块

X射线实时观察模块

图5-8　高温材料科学实验柜

"无容器"状态是材料科学家梦寐以求的一种实验条件。一幅直观形象的画面有利于理解它：熔融的金属或者非金属材料成为"液滴"，飘浮在空中，这时，"液滴"不会和容器壁接触而受到污染，"纯净"材料能在较低温度下不凝固，仍然保持液体状态。

在地球上，让"液滴"飘起来实现"无容器"，需要利用某种外力抵消"液滴"本身的重力，包括利用气浮力的气悬浮、声辐射压力的声悬浮、静电场库仑力的静电悬浮、电磁力的电磁悬浮等。在空间站，实现"无容器"则难在浮得住、控得稳，就是能将样品稳定、精确地悬浮在实验位置，以获得稳定的样品状态。

"无容器"避免了坩埚等实验容器的器壁对材料表面的接触和污染，能够抑制异质形核（依附于液态金属中某些杂质质点或者某些面形核），获得深过冷。"无容器"还能消除地面重力引起的熔体形变和熔体密度分层，利于亚稳态材料和新型功能材料的开发制备，利于熔体材料参数测量。

空间站无容器材料实验柜（图5-9）通过静电悬浮技术实现无容器材料科学实验，温度可达3000℃，可进行金属、非金属等无容器加工研究，揭示地面重力环境难以获知的材料结晶、玻璃化、凝固、形核机理，获得先进材料的空间制备技术和生产工艺关键条件，指导地面材料加工工艺的改进与发展。

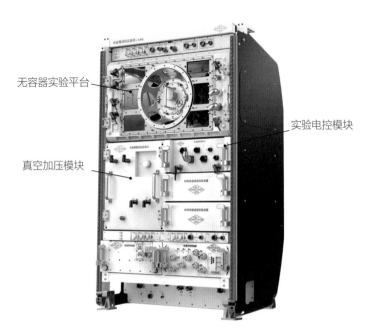

无容器实验平台

实验电控模块

真空加压模块

图5-9　无容器材料实验柜

四、微重力基础物理实验

空间站的微重力基础物理方向主要支持的研究内容有：空间超冷原子物理研究、高精度空间时频系统及应用、相对论和引力物理研究、空间量子科学研究及应用、低温凝聚态物理研究以及其他适于在空间站上开展的空间基础物理实验。在这个方向安排了超冷原子物理实验柜和高精度时频实验柜来支持微重力基础物理的研究。

超冷原子物理实验柜是世界领先的中国首个微重力超冷原子物理实验平台，主要利用空间微重力环境条件，建立具有超低温、大尺度、高质量、适合精密测量的玻色-爱因斯坦凝聚（BEC）工作物质的开放实验系统，开展前沿基础物理研究。

超冷原子物理实验柜（图5-10）研制的目的是利用太空环境实现宇宙中温度最低的第五种物质形态——玻色-爱因斯坦凝聚，它在太空中的温度可以比地面低2至3个数量级，进入pK（皮开）甚至fK（飞开）量级，物质波的可观测时间相比地面更长，可增加至3个数量级，在此基础上可开展超越地面的量子模拟和物理定律精密验证的科学实验。利用这种极低温的第五种物质形态，可以对量子力学存有争议的问题进行探索，对爱因斯坦等效原理进行更高精度的检验，对超轻暗物质进行探测等。

高精度时频实验柜是空间站中最复杂的实验柜，是由2个舱内科学实验柜和4台舱外设备组成的一个完整实验系统。主要是通过不同特性的原子钟组合，在空间站构建超高精度时间频率产生和运行的系统，开展基础物理理论检

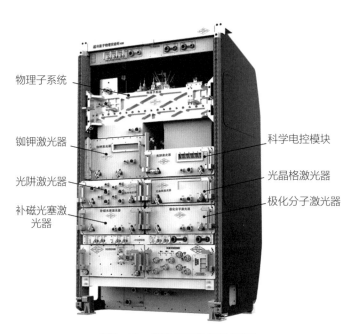

物理子系统

铷钾激光器

光阱激光器

补磁光塞激光器

科学电控模块

光晶格激光器

极化分子激光器

图5-10 超冷原子物理实验柜

验，并支持通过微波和激光传递链路向地面提供超高精度时间频率信号。高精度时频实验柜为相关基础物理研究、相关工程应用、我国标准时间和国际原子时精度的提高作出重要贡献。应用高精度时频实验柜提供的超高精度时间频率信号，可以开展相关基础物理研究实验，如引力红移的测量、精细结构常数变化的探测等，支撑相对论及相关理论的高精度检验。该系统可以同步重大科技设施和工程技术设施的各部分时间，改善重大设施性能，未来有可能填补洲际地面光钟比对技术空白，支撑时间单位"秒"定义的变更。

五、航天新技术方向

空间站的航天新技术方向主要支持以下研究：航天基础技术在轨实验验证、航天先进装备及子系统在轨实验验证、航天先进任务系统在轨演示验证及其他适于在空间站上开展的航天技术实验等。在这个方向安排了航天基础实验机柜（图5-11）来支持航天新技术在轨实验验证。

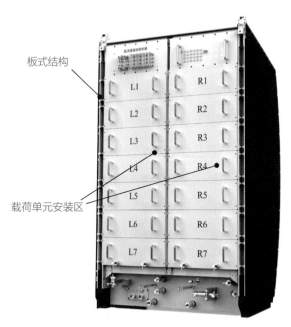

图5-11　航天基础实验机柜

航天基础实验机柜具备结构机构、热管理、配电控制、信息管理四大基本功能，为各类载荷在轨实验提供机、电、热、信息等标准化接口，支持各类实验项目的在轨滚动实施，为航天新技术的创新发展提供了强大的验证平台。

机柜作为一个实验平台，为各个实验载荷提供了标准的机、电、热、信息等保障条件。载荷实验会产生热量，这就需要热控子系统对载荷环境温度进行管理。热控子系统通过多种手段为各个载荷提供了全方位服务。如果将航天基础实验机柜比喻成一栋大楼，热控子系统就是这栋楼的"环境管家"，包括通风子系统、液冷子系统和抽真空子系统三部分。

六、共用支持实验柜

科学手套箱与低温存储柜为空间生命科学与生物技术、空间材料科学等方向实验提供样品装载、精细操作、样品低温存储等支持。

科学手套箱的设计统筹了生命科学、生物技术、航天医学、材料科学等学科的需求，为科学家在太空开展科学实验提供一个270升工作空间、四周为亚克力透明窗的封闭设施。手套箱有四个手套口，两个位于前窗上，两个分别位于左右侧窗，可以支持两名航天员同时操作实验或使用该设施，既保护航天员免受与实验材料和样品直接接触带来的潜在交叉污染，又避免手套箱内环境和空间站舱内环境直接互通带来的环境污染。手套箱前窗上还设有两个密封的双层门，可实现实验装置和样品在洁净环境下的快速更换。此外，手套箱内的温度、湿度、光照、风场等可实现"个性化"精确控制。

科学手套箱洁净密闭、环境可控，具有微操作能力，实验装置可更换和便于操作，航天员可直接操作科学实验，是使用最频繁的设备。

科学手套箱除了具有实验过程可观、可测、可控及部件可换等能力外，还具有独特的精密机械臂操作系统。据公开信息，未见国际上有同类装备的报道。在科学手套箱内部的精密机械臂操作系统，可供科学家们开展空间生命

科学和生物技术前沿科学研究，包括一个操作精度高达0.2毫米的6自由度灵巧机械臂、一个操作精度高达5微米的3自由度微操作器、一个操作精度高达2微米的3自由度细胞夹持机构、一个操作精度高达2微米的3自由度载物台和一个高倍显微相机等。通过对上述设备的协同控制，可以满足细胞级精度的微操作，如微注射（将DNA或药物注入细胞）、微切割（细胞组织切除）、微提取（细胞液提取）等。

科学手套箱精密机械臂操作系统具有三种工作模式：在轨自主运行模式，由精密机械臂操作系统智能控制软件自主完成对目标的操作；在轨遥操作模式，由航天员通过外接笔记本电脑配置的人机操作界面完成对目标的操作；天地遥科学模式，由科学家团队在地面通过电脑配置的人机操作界面完成对目标的操作。

此外，位于科学手套箱下方的低温存储柜有三个典型低温存储温区（-80℃、-20℃、+4℃），能够满足不同实验样品低温存储需求，如图5-12所示。

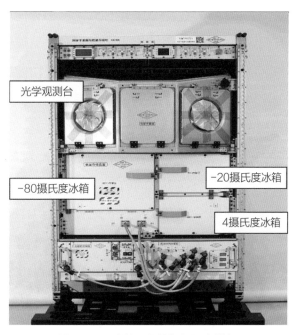

图5-12　科学手套箱与低温存储柜

科学手套箱的主要功能为：

① 航天员能通过手套箱门转移或更换实验装置、样品、诊断仪器等物品；

② 航天员能通过手套箱的手套口安装和调试科学实验装置，并直接或遥操作科学实验；

③ 航天员能直接用内置仪器或通过外接笔记本电脑观察到手套箱中被操作物和操作过程；

④ 航天员可操作手套箱内配置的仪器对实验结果进行检测和筛选；

⑤ 手套箱内的环境（光、湿、温、气等）可控可调，具有环境消毒能力；

⑥ 具有进行实验精细或显微操作（如注入、提取、分离等）的支持功能；

⑦ 具有为手套箱内实验装置或科学仪器提供机、电、热和信息等的支持能力；

⑧ 具有功能扩展能力，通过组件或模块更换，支持提供新功能或开展新实验研究。

低温存储设备的主要功能为：

① 具有三种典型温度（-80℃、-20℃、+4℃）低温存储能力；

② 三个低温存储区域的样品可独立存取，并具有样品限位措施；

③ 各低温存储区域具备温度检测、显示和超温报警功能；

④ 各低温存储区域在开门状态具备自动辅助照明功能；

⑤ +4℃存储区域带有透明观察窗。

环绕地球飞行的航天器由于受到多种因素的影响，受到的合力不可能与轨道运动所需的向心力完全相等。两者之间的差异意味着航天器上存在不同程度的"微重力水平"。一般而言，空间站的微重力水平大约在 $10^{-5}g$ 至 $10^{-3}g$ 之间。而在为"天和"核心舱研制的医学样本分析与高微重力科学实验柜（图5-13）中，研究人员将微重力水平提升了至少两个数量级，达到 $10^{-7}g$ 水平。

医学样本分析与高微重力科学实验柜的高微重力实验部分包括高微重力科学实验装置（占实验柜下部位置），高微重力科学实验装置支持开展需要高微重力水平的实验，包括相对论物理与引力物理研究（等效原理空间实验检验）、微重力流体动力学及材料科学研究、惯性和加速度传感器研究等。

高微重力科学实验装置提供微重力环境的悬浮实验台采用主动电磁悬浮和喷气悬浮隔离技术，能够抑制空间站舱体和实验柜体等多种类型振动的干扰，在0.01赫兹到300赫兹的振动频率内提供较高水平的隔振能力，提供比空间站本体高2～3个数量级的微重力水平，满足特殊科学实验对高微重力水平的要求。

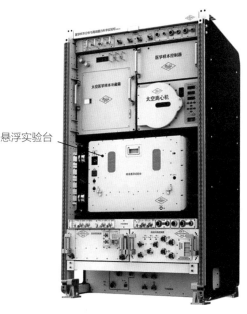

悬浮实验台

图5-13　医学样本分析与高微重力科学实验柜

变重力科学实验柜（图5-14）提供在轨变重力实验环境，开展重力相关科学实验，生命、流体和燃烧对比实验，以及重力效应、月球火星低重力模拟，是国际上最大的变重力科学实验设施。重力范围是$0.01g$～$2g$，精度$0.001g$。

为了给重力研究提供更大范围、更长时间的实验平台，科学家设计了一个直径为900毫米的离心机，也是目前在轨运行的最大的离心机。离心机转盘在旋转过程中，可以通过转速的控制，高精度地实现重力调节。

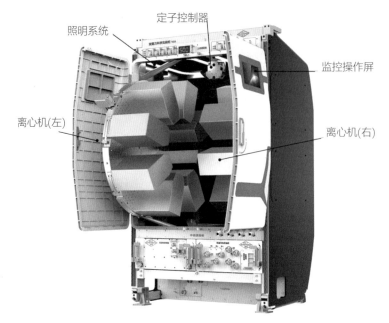

图5-14　变重力科学实验柜

第三节　多功能主动光学设施

　　中国巡天空间望远镜（CSST）发射后将作为中国科学家进行天空调查的空间光学观测站。该望远镜拥有令人印象深刻的2米直径镜头，使其可与哈勃太空望远镜相媲美。然而，它拥有比哈勃大300倍的视野，同时保留了相似的分辨率。广阔的视野将使望远镜能够在十年内使用一个巨大的25亿像素相机观测多达40%的天空。也就是说，哈勃观测同一个区域需要一年的时间，而巡天只需要一天多一点的时间就可以完成！专家打了个比方：就像在非洲大草原上，哈勃可以拍摄远处大象的毛孔，而巡天则可以拍摄到大量动物群落的整体状况。两者有不同的功能。

图5-15　中国巡天空间望远镜主焦面仪器　　　　图5-16　测试中的光学设施

　　在观测期间，CSST将在与空间站相同的轨道上独立飞行，同时保持较大的距离。它可以与空间站对接，按计划或根据需要进行维修。CSST采用库克式三反散光设计，可在大视场内实现卓越的图像质量，这使其在测量观测方面具有优势。CSST将配备5台第一代仪器，包括巡天相机、太赫兹接收器、多通道成像仪、积分视场光谱仪和系外行星成像星冕仪。CSST主焦面仪器如图5-15所示，测试中的光学设施如图5-16所示。

一、巡天相机

　　巡天相机通过多光谱观测，预计可获取数十亿恒星与星系的测光数据和数亿条光谱，将为暗能量与暗物质的属性、宇宙结构的形成与演化、星系形成与演化、活动星系核和超大质量黑洞的形成与演化，以及太阳系外行星、天体测量和太阳系天体等前沿方向的研究提供极其丰富的数据。

二、太赫兹接收器

该接收器采用高能隙氮化铌超导探测器技术，在约8开的深低温工况条件下，实现0.41 ~ 0.51太赫兹频段（590 ~ 730微米）的高灵敏度探测，瞬时带宽达到2吉赫兹，频谱分辨率优于100千赫，波束宽度优于100英寸。

观测计划包括对银河系恒星形成区、近邻星系、晚型星、太阳系巨行星及其卫星、彗星等天体开展的谱线巡测，以及对整个M31（仙女星系）区域进行的CI（持续集成）成图观测。这些数据将用于探测各种天体和星际介质的化学组成，搜寻新的分子种类，揭示星系演化中原子分子相变过程，研究分子云的形成和演化机制，并与其他多波段观测数据配合，全面理解M31结构形成、动力学演化、化学演化以及恒星形成过程。

三、多通道成像仪

多通道成像仪计划开展紫外可见光超深场观测，深度与HST（哈勃太空望远镜）极深场（XDF）相当，但面积是其5倍，预期将与其他深场一样，取得丰富的科学成果，同时也部分弥补CSST在时域观测方面的不足。多通道成像仪的另一项重要工作是进行高精度测光观测，为主巡天任务提供更高精度的流量标准星星表，进一步降低主巡天的系统误差，保障其科学目标的实现。

四、积分视场光谱仪

积分视场光谱仪将6英寸×6英寸的视场分割为32×32个单元，对每个单元进行色散，获得1024条光谱，每条光谱分成0.35 ~ 0.55微米和0.61 ~ 1微米两段。通过这样的观测，可以同时获得观测目标的二维结构和光谱信息，特别适合需要在空间上解析观测目标的化学成分或物理属性的研究，如超大质量黑洞和星系的共同演化、星系中特定环境下的恒星形成、近场宇宙中的恒星形成等。

五、系外行星成像星冕仪

星冕仪计划通过对1000颗左右的近邻类太阳光谱型恒星的观测，搜寻位于这些恒星宜居带至雪线附近（0.8～5天文单位❶）的成熟的类木行星和超级地球（介于10个地球质量和若干木星质量之间），对视向速度法发现的系外行星进行后随观测，研究行星质量–半径关系、行星形成和演化理论，并对原行星盘结构和近邻恒星的外星黄道尘分布开展观测研究。

人类对宇宙认知的进步依赖于观测能力的不断提升，每一次观测深度、广度、波段、测光精度、空间分辨率、谱分辨率以及时间分辨率等方面的突破往往带来天文学革命性的发展。CSST（图5-17）的每一个终端模块都极具特色，或是观测任务，或是观测手段，无不在挑战极限。从这个角度而言，"中国哈勃"不足以说明CSST的科学潜力。当然，真正发挥潜力，取得重大科学成果，不仅需要硬件，同时也需要在软件、运行和科学研究及其准备工作上的大力投入，需要源源不断地吸引和培养优秀人才投身CSST的工作。

图5-17　中国巡天空间望远镜

---

❶　1天文单位等于1.496×10¹¹米。

第六章

空间站的未来发展

第一节　中国空间站未来的发展

　　天宫空间站已于2022年底建成，近期的任务将是全面开展科学实验，并不断更新实验装置和内容。在此基础上，还将发展商业太空活动，为载人深空探测服务。根据空间站发展的需要，还将进一步扩大规模。

一、商业太空活动

　　集中的、政府主导的太空计划将不可避免地专注于符合公众利益的活动，公众利益包括国家安全、基础科学进步和民族自豪感。

　　与政府不同的是，私营部门把人送入太空，更多追求个人利益，然后满足他们创造的需求。

　　近地轨道将在实现人类在外太空的雄心壮志方面发挥新的、广阔的、越来越重要的作用。

1. 太空旅游

　　乘空间站进行太空旅游是一种轨道太空游，这种旅游方式具有三个主要特点：一是技术成熟，安全可靠，人类开展载人航天已经有50多年的历史，在载人飞船、航天飞机和空间站等方面，都取得了巨大的成就，载人航天的安全性得到了充分保证；二是可开展的旅游项目比较多，如微重力环境下做各种动作，开展各种科学实验等；三是费用太高，目前能到国际空间站旅游的，只有极少数人。

　　随着技术和旅游事业的发展，这种轨道太空游也会不断地发展。解决费用问题的主要措施是：发展可重复使用的运载火箭和飞船，降低发射成本；在空间站上设置可充气的专用模块，供旅游者使用，既降低了成本，又可以减少对航天员业务活动的影响。这类活动可以由商业公司进行策划。

2. 发展近地轨道经济

近地轨道（LEO）经济是指近地轨道内货物和服务的生产、分配和贸易。随着技术的进步，这个经济空间将增长到包括更多的团体（包括但不限于政府、商业界和学术界），这些团体将为LEO经济规模的持续扩张做出贡献，并支持未来的可持续航天企业。

太空是一个不断发展的行业，近地轨道充满了机会。建立一个地球上许多团体都可以参与的强大的近地轨道经济，有利于工业发展，促进技术进步，并通过推进太空工作和研究增加人类利益。一旦在近地轨道建立了繁荣的经济，航天主管部门就可以作为众多客户之一购买服务。这将使该部门专注于国家利益、基础科学长远发展和民族自豪感。

二、空间站将为载人深空探测服务

从目前的火箭技术看，去火星的单程旅行需要6到9个月。这是很长的一段时间。而现在航天员在空间站上停留的时间一般是六个月，因此，为了适应未来的载人深空探测，对航天员的训练要有新的要求，对空间站内的生保系统和再生生保系统都提出了新的要求。

基于目前情况，为载人深空探测做准备，需要做许多新的工作。

第一，在生保系统方面，蔬菜和主食是最重要的。目前航天员的食品都是从地面运来的，这些食品都是地面准备好的"熟食"。但如果航天员在长达几年的时间内吃不到新鲜蔬菜和主食，恐怕难以保证健康。一个重要举措，是要在空间站内种植蔬菜和粮食作物，这就为空间站内实验设施提出了新的要求。

第二，对再生生保系统的可靠性提出了新要求，关键设施要有备份。

第三，保障航天员的心理健康，还要有娱乐设施，消除长途旅行的寂寞感。

第四，对于美国航天局提出的一种试验研究项目我们可以借鉴。该试验项目是让航天员在长途旅行过程中处于冬眠状态。如果这项技术能够研发成功，无疑是一个非常重要的措施。但是，这项工作的难度很大，如怎样让航天员处于冬眠，怎样从冬眠状态苏醒过来，怎样不让航天员的健康受到影响……目前提出的解决方法是将航天员的体温降低约5摄氏度，这将导致"低温停滞"，使航天员的代谢率降低50%至70%。

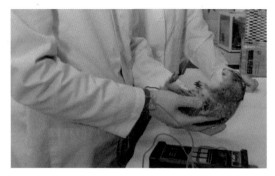

图6-1 美国的科技人员在研究处于冬眠状态的北极松鼠

这种方法具有很大的挑战性，只有经反复实验，确认万无一失的情况下才能使用。美国的科技人员的相关研究如图6-1所示。

三、中国空间站的扩展计划

天宫空间站建造完成后将在轨运营10年以上，需具备良好的舱段扩展和应用支持扩展能力，根据空间科学技术研究、空间应用和国际合作的需要，灵活进行扩展（图6-2）。

在扩展建造方式方面，扩展舱段一般应具备独立飞行以及与天宫空间站交会对接的能力，扩展暴露载荷平台等其他扩展设施则可通过半开放或全开放式天舟货运飞船上行空间站安装。天宫空间站配置的机械臂也为扩展建造提供了有利条件，可实现扩展舱段、扩展暴露载荷平台等扩展设施的灵活转移和组装。扩展后，两个T字形结构组成了"干"字形结构。

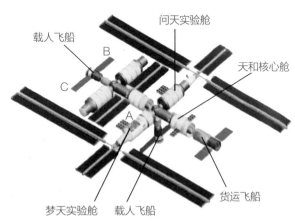

图6-2 扩展后的天宫空间站，A、B、C是新增加的舱段

　　如果将空间站作为太空旅游的平台，最大的缺点是成本高，普通人根本承担不起，只能是亿万富翁的专属。因此，在保证安全的前提下，如何降低成本，是未来太空旅游平台要解决的根本问题。美国毕格罗公司准备构建带有可膨胀结构（充气模块）的空间站。

　　毕格罗公司计划最终将这些模块组装到轨道空间站，在1999年该公司成立后的最初几年就开始实施这一计划了。到2004年，公开的毕格罗商业空间

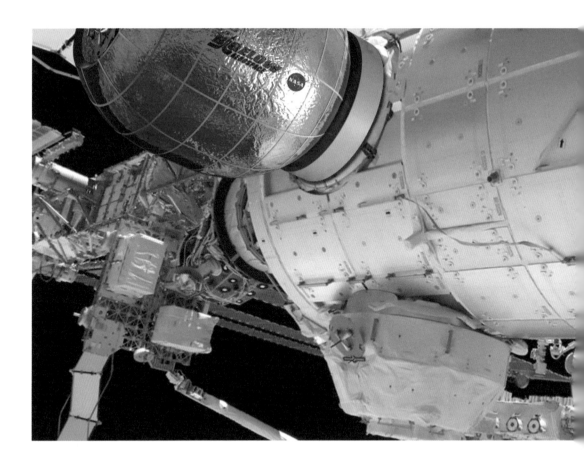

站计划包括将多个模块组装成进入低地球轨道的载人空间设施，用于私人和公共资助的研究和太空旅游。此后，又有两个正式的概念（创世纪号飞船和可充气结构空间站）被公开。到2005年，毕格罗商业空间站计划已经被进一步概念化，变成了"商业空间站天行者"（天行者是电影《星球大战》中的人物名）。

为了检验充气模块的安全性，2016年4月8日，美国国家航空航天局发射了一种毕格罗充气模块，将其连接到国际空间站，如图6-3，并在那里进行为期两年的测试。

目前，毕格罗公司公布了下一代商业空间站的造型（图6-4）。SpaceX龙飞船接近毕格罗商业空间站的模拟图如图6-5所示。

图6-3　已经安装在国际空间站上的充气模块

图6-4　毕格罗商业空间站造型

图6-5　艺术家渲染的SpaceX龙飞船接近毕格罗商业空间站

　图说空间站的科学

B330（图6-6）是一个充气式的太空舱，体积大约是330立方米，这就是它名字的由来。B330与SpaceX龙飞船附加到国际空间站如图6-7所示。B330已经具备了很多功能，包括保护航天员安全的辐射屏蔽功能。它有大约24到36层材料，当完全膨胀时，它大约有18英寸厚，因此能经受住太空垃圾的撞击。

它有两个太阳电池阵列、两个用于散热的散热器，以及维持最多6名航天员的生命维持系统。它还有一个零重力厕所，可以收集固体和液体废物，每个航天员都有半私人的泊位、运动设备、一个食物储存和准备站、照明设施和个人卫生站。B330内部结构如图6-8所示。

图6-6　毕格罗B330太空舱

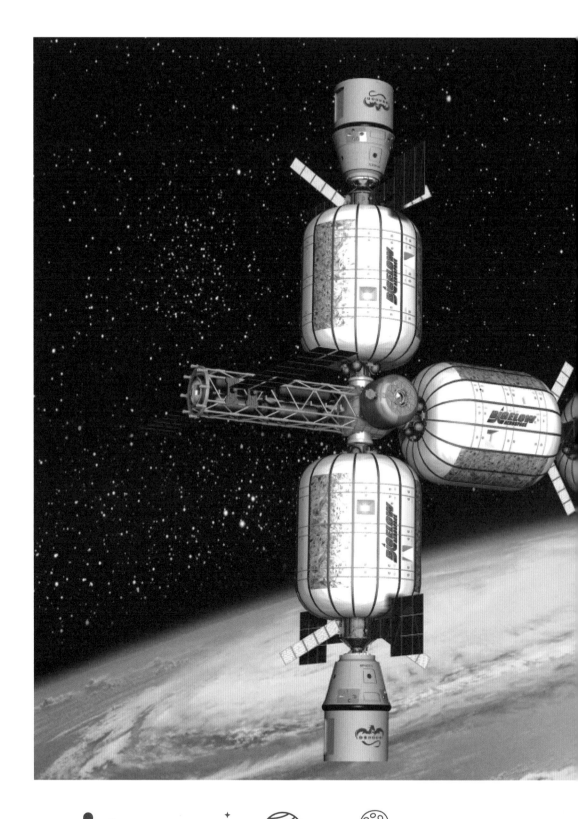

图说空间站的科学

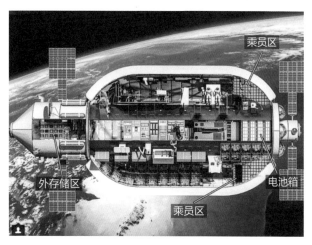

图6-8　B330内部结构

乘员区
乘员区
外存储区
电池箱

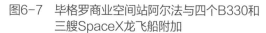

图6-7　毕格罗商业空间站阿尔法与四个B330和三艘SpaceX龙飞船附加

第三节　美国的月球门户计划

一、第一个绕月球运行的空间站

月球门户（图6-9、图6-10），或简称"门户"，也称"网关"，是一个月球轨道小型空间站，旨在用作通信枢纽、科学实验室、航天员的短期居住舱以及漫游车的存放区和其他机器人的停靠站。这是一个跨国合作项目，涉及四个国际合作机构：美国航空航天局、欧洲空间局（ESA）、日本宇宙航空研究开发机构（JAXA）和加拿大航天局（CSA）。它计划成为第一个超低地球轨道的空间站和第一个绕月球运行的空间站。

预计将在门户上研究的内容包括行星科学、天体物理学、地球观测、太阳物理学、基础空间生物学以及人类健康和表现。由超过14个航天机构组成的国际太空探索协调小组（ISECG）得出结论，"门户"对于将人类送上月球、火星并深入太阳系，至关重要。

预计该项目将在NASA的阿耳忒弥斯计划中发挥重要作用。虽然该项目由NASA领导，但月球门户旨在与CSA、ESA、JAXA和商业合作伙伴合作开发、服务和使用。它将作为机器人和载人探索月球南极的中转站，也是NASA深空运输概念的拟议中转站，用于将人类运送到火星。

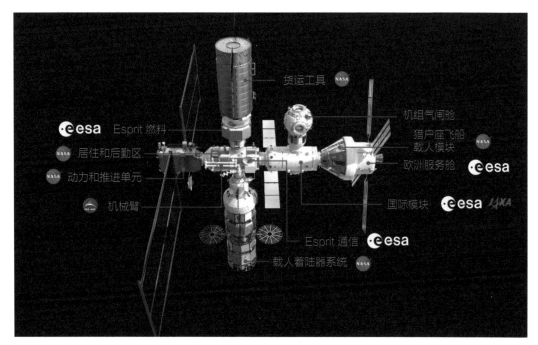

货运工具

机组气闸舱

猎户座飞船
载人模块

欧洲服务舱

国际模块

Esprit 燃料

居住和后勤区

动力和推进单元

机械臂

Esprit 通信

载人着陆器系统

图6-9　月球门户的结构

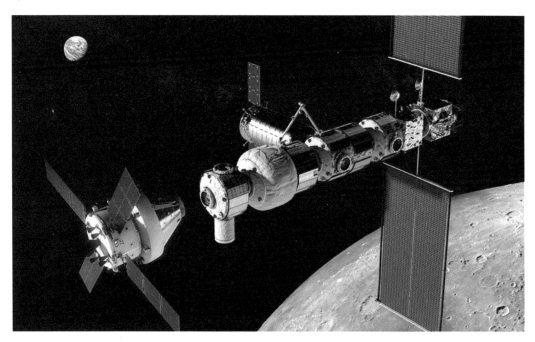

图6-10　月球门户

二、什么是近直线晕轨道

月球门户计划部署在绕月球的高度椭圆的近直线晕轨道（NRHO）中。NRHO是一个高度倾斜的绕月轨道，如图6-11，被认为是在地月空间中。地月空间包括LEO（近地球轨道）、中地球轨道、GEO（地球静止轨道）以及其他轨道，例如低月球轨道和NRHO，NRHO是门户的预定轨道。

NRHO的轨道周期为7天，距离月球表面最近约1600千米，最远约68260千米。因此，大约每7天，月球着陆器可以离开"门户"前往月球表面。因为"门户"可以坐在这个晕轨道上，几乎就像它被地球和月球的引力固定在适当的位置一样，所以它几乎不需要能量来维持站位或机动进入其他地月轨道。

L2系列轨道是"门户"将使用的基线轨道。由于阴影陨石坑中存在大量水冰，月球的南极是未来对月球表面进行初始任务的主要关注区域。由于轨道

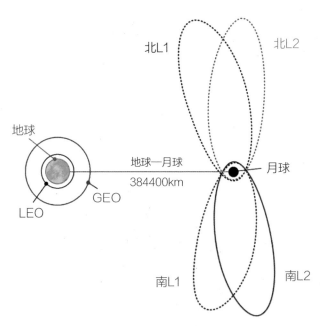

图6-11　近直线晕轨道示意图

面向南方，航天器大部分时间都在南部地区上空，从而可以与南极附近的物体进行更容易持续的通信，并允许"门户"充当航天员的通信中继，服务月球表面与地球任务控制中心的通信。沙克尔顿陨石坑位于月球表面的南部区域，是未来执行登陆陨石坑边缘任务的有力候选者。

NRHO实际上是曲线簇，如图6-12，可根据需要选择轨道倾角，因而选择不同的曲线。

NRHO具有独特的优点：

① 是中继站。位于NRHO上的卫星可实现与月面工作的各类着陆器和巡视器的中继通信覆盖。

② 是枢纽站。卫星的轨道维持容易，同时卫星又能升降轨道以完成不同性质的任务。NRHO可以作为地月转移的过渡轨道，卫星仅需约730米/秒的速度增量即可进入环月极地轨道，也能进入月球的高轨道进而支持探测器前往

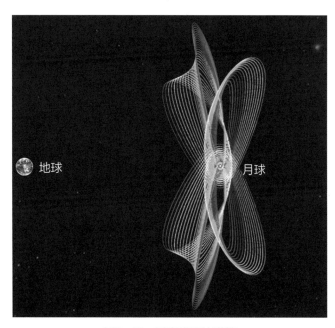

图6-12　近直线晕轨道簇

太阳系其他目标天体，大幅降低深空探测任务的推进剂需求。

③ 是载人航天器的中转站。支持航天员和遥操作机器人的月面着陆、巡视和返回等作业，使进入月球或随时往返的任务更加灵活，助力各类月表科学探测活动的开展，与地球间的通信不受月球屏蔽干扰。

④ 具有相对较低的从地球转移成本，符合猎户座飞船的能力，较低的轨道维护成本，以及与地球和月球南极有利的通信机会。NRHO还提供了转移到地月空间内其他轨道的机会，包括光环家族的其他成员，如蝴蝶轨道。

到"天宫"
去旅行

在距离地球表面大概390千米的太空中，运行着一座人造"天宫"。它就是我们的天宫空间站。它由三个主舱段在太空组装而成，每个舱段质量超过20吨，长度超过15米，每个舱段的肚子中是个大密封舱，是航天员在太空的房子。除了三个大房子，空间站还长期停靠着航天员的大货车——货运飞船以及航天员进入太空和返回地面的小轿车——载人飞船，整个空间站总长度超过40米，相当于13层楼房的高度，总质量接近100吨，相当于90辆小汽车加起来的质量。

中国空间站模拟构型图

这么大的空间站是干什么用的呢？它就像一个舒适的大房子，一个高科技的实验室，是供航天员在太空中生活、学习和工作的太空家园。大家一定很好奇，太空家园和地面上的大房子一样吗？让我们一起来看看。

首先，与地面的大房子有坚实的地基，静静地伫立在地面不同，我们的太空家园以接近每秒8千米的高速运行在地球上空约400千米高度的太空中，这个速度相当于步枪子弹的10倍以上，航天员在天上每隔90分钟就可以看到一次日出。

其次，空间站里面的东西如果不固定好，它们是会自由地飘在空中的，人也一样，在空间站中如果他们想，是可以自由飞行的，这就是失重效应。

最后，地面上的房子在建造时就考虑了通水通电，我们只要舒舒服服地住在里面就可以了，但高速运行的太空家园可不行，它带着两对长长的亮晶晶的翅膀用来给自己发电，需要运输飞船定期运输水和食物等各种补给品。

面对这座神奇的天宫，你一定非常想去旅行体验一下，让我们一起来一趟难忘的"天宫"之旅吧。

1. "天宫"之旅的准备工作

要到这座高速绕地球运行的"天宫"中去旅行，需要进行一系列的准备工作。

首先我们要进一步了解天宫空间站的特点，明白在"天宫"生活需要的能力。天宫空间站绕地球高速运动，维持了空间站的微重力环境，也就是说，人在空间站生活，几乎感受不到重力，这是与地面非常大的不同。独立运行的空间站，采用大型太阳翼对准太阳自主发电，维持空间站各用电设施的正常工

作，采用喷气控制进行轨道维持，采用动量交换装置保持姿态稳定，采用各类天线实现与地面的信息沟通，利用长期停靠的货运飞船作为空间站的"物资仓库"以及"废弃物收集站"。利用载人飞船作为天地人员运输的载具，等等，这些"太空家园"与地面不一样的地方需要我们进行充分的了解。

在了解了空间站的特点以后，我们需要开展一些针对性的身体训练，主要针对乘坐神舟飞船会经历的各种过载和失重环境以及长期在轨生活的失重环境。这种过载和失重有点像我们坐过山车的感觉，一会儿感觉被压在椅子上，一会儿又感觉似乎要脱离椅子飞起来。

光有身体训练还不够，为了能够让这座神奇的房子在太空中既生活得舒适又能开展各种实验，科学家进行了精心设计，从吃穿住用行到工作学习都倾注了大量心血，所以，航天员在到访"天宫"之前，要针对空间站各种设施的操作开展专项的适应性训练。

出舱活动专项训练

2. 抵达"天宫"

完成了必要的准备，就可以开始我们的"天宫"之旅了。到达"天宫"的过程和地面旅行可不一样，我们从酒泉卫星发射中心出发，乘坐神舟号载人飞船，经过几个小时的旅行，就可以跨越300多千米的高度差，抵达天宫空间站，神舟号载人飞船可以自动对接在天宫空间站上，也可以由乘员手动对接到天宫空间站上。经过地面工程师必要的状态检查后，我们就可以开启舱门，进入"天宫"啦。

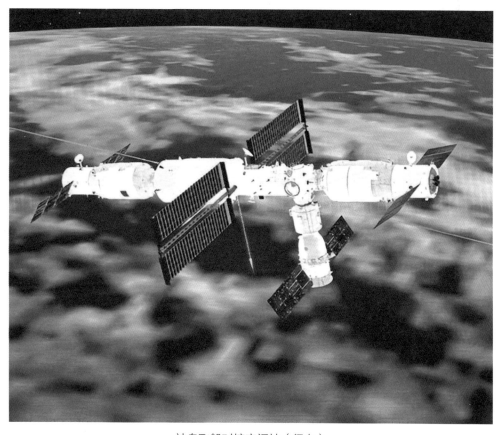

神舟飞船对接空间站（径向）

进入天宫后，让我们再来仔细参观和感受一下这个神奇的太空家园。天宫空间站的主体是三个重约20吨的舱体，成T字形连接，其中，天和核心舱为中心，它由节点舱、小柱段、大柱段和后端通道组成，问天实验舱和梦天实验舱对接在节点舱左右两侧，三个舱内部的密封舱构成了乘员使用的主要区域，通过节点舱连成一体，密封舱内也有和地面一样的空气，保持和地面一样的温度，为访客提供一个舒适的生活环境。

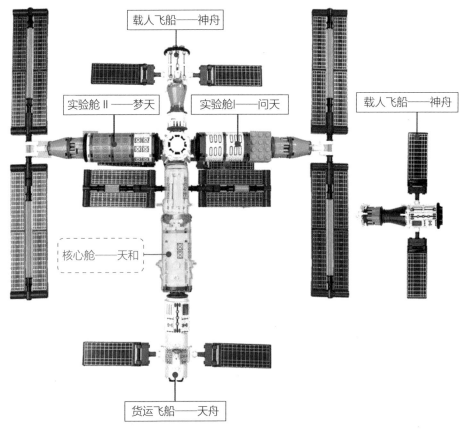

载人飞船——神舟

实验舱Ⅱ——梦天　　实验舱Ⅰ——问天

载人飞船——神舟

核心舱——天和

货运飞船——天舟

天宫空间站主要结构

各个舱段在功能设计上又各有侧重，天和核心舱提供了乘员在轨生活的主要设施，包括三个睡眠区（太空卧室），一个就餐区（太空厨房加舱厅），一个卫生区（太空卫生间），以及其他的活动空间（太空客厅）。

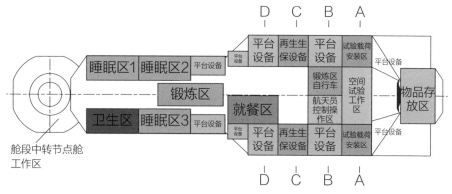

核心舱主要功能区划分

问天实验舱作为天和核心舱的功能备份，又提供了一套独立的太空生活设施，包括三个睡眠区、一个就餐区和一个卫生区，一方面可以在核心舱部分功能出现故障时应急，另一方面家里来客人时不至于挤在一起。除了核心舱功能备份外，问天实验舱还提供了部分在轨实验设施，可以开展一些舱内舱外的在轨实验。

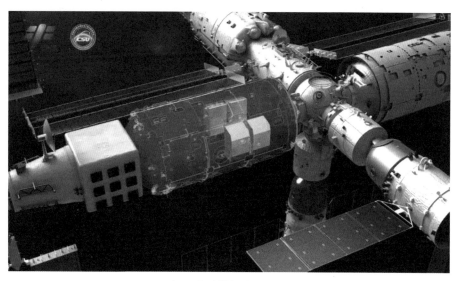

问天实验舱部分透视图

梦天实验舱主要作为太空实验室，搭载了许多实验机柜，可以开展多种多样的太空实验。

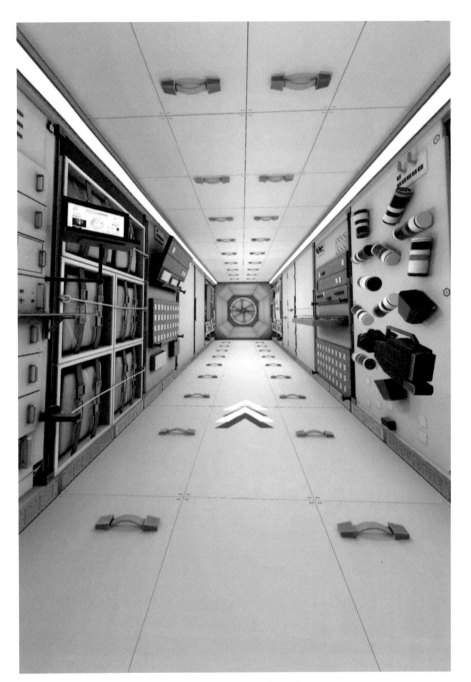

梦天实验舱科学实验设施示意图

除了核心舱段外，节点舱提供了两个对接口，可以对接载人飞船，用于乘员到访"天宫"及返回地面。

神舟飞船对接位置示意图

后向对接口主要对接货运飞船，可以作为太空家园的"仓库"使用，存储在太空使用的物资以及在太空生活产生的废弃物。

天舟飞船内部示意图

让我们来开启一段神奇的太空之旅吧。

3.在太空站适应的第一步——走路和取用物品

初入天宫，会有些许的不适应，比如，你突然会发现自己不会"走路"了。这主要是由"微重力"环境引起的，与在地面脚踏实地不同，由于几乎感受不到重力，在天宫中移动会有一些新奇的体验，要不脚一蹬向前飘飞（要提前想好怎么停下来），要不借助地板和天花板布置的脚限制器，慢慢移动。总之，在神奇的天宫中，第一个需要学习的就是如何走路。

经过一段时间的适应，你肯定会迅速喜欢上这种不费吹灰之力的移动方式，不过，这也会带来另外一些烦恼，比如，在地面上，手里拿本书，一松手，它会乖乖落在地上，把书放在桌子上，它就会乖乖地待在那里，但在微重力的"天宫"中，一切都不同了，所有没有固定的东西会自由地飘浮在空中，最开始你可能会觉得很好玩，但如果一大堆东西飘来飘去，时间长了肯定会觉得很烦，所以进入天宫的第二课，需要学习的是取用物品一定要固定。

4. 在太空站的生活、工作和娱乐

探索了一段时间，你应该觉得肚子咕噜咕噜响了，该吃饭了。这个时候来到就餐区，你会发现除了空间紧凑点，和地面的餐厅差别不大，不但有丰盛的食物，连冰箱、微波炉等各种生活设施，也贴心地准备好了。不过，还是由于微重力的影响，就餐的动作不宜过大，而且，喝水一般以吸为主。

吃饱喝足了，想睡个午觉休息一会怎么办，太空家园给每个访客舒适的床，虽然看起来和地面不太一样，但用它睡觉和地面一样的舒适，只是睡觉的时候需要用一根束缚带轻轻地约束一下，否则，人睡到一半可能会在空间站飘起来哦。不过，每个睡眠区有一个小窗户，航天员只要一睁眼，就可以看到壮丽的太空。

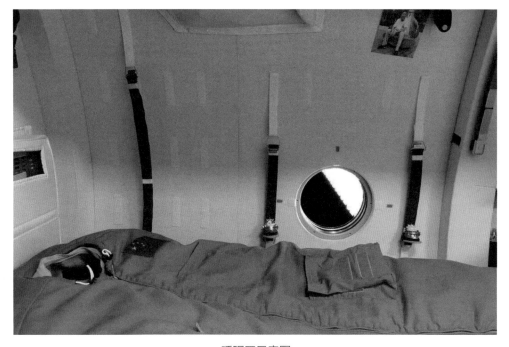

睡眠区示意图

如果要上厕所怎么办，别担心，睡眠区的旁边就是独立的卫生区，和地面的卫生间有点不同，为了保证在微重力环境下，排泄物乖乖地收集到废物袋中，而不是"自由活动"，马桶也设计了特殊的吸力装置，帮助航天员顺利解决"人生大事"。航天员上完厕所，需要将废弃物进行收集并密封，然后将其收纳到货运飞船指定的位置。

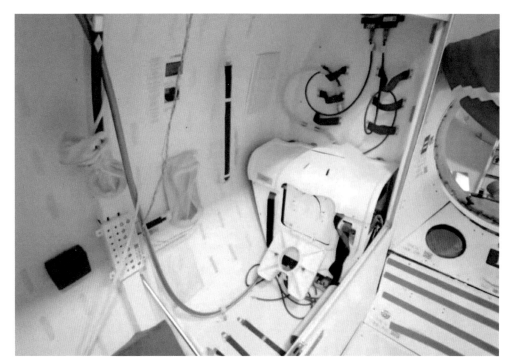
卫生区示意图

太空家园的生活会不会有点无聊呢？答案是一点都不会，科研人员为太空家园的每一位访客准备了专用的手机和平板电脑，可供他们处理个人事务以及浏览各种信息，核心舱的大客厅中还配置了四个大显示屏，用来显示空间站的各种信息，或者用来看电视。

到了晚上，睡觉前需要刷牙洗脸怎么办？这个与地面不太一样，由于失重的影响，洗脸更准确地讲应该是用湿毛巾擦脸（洗澡也一样）。在空间站刷牙使用的是可食用牙膏，航天员刷完牙后可以把牙膏直接吃掉。至于在空间站洗衣服，目前，需要航天员多带一些新衣服，定期更换后把旧衣服存放在货运船的指定位置（你可以开动脑筋想想怎么在空间站洗衣服）。

时间长了想和地面的家人朋友说说话怎么办？别担心，科研人员早就为访客想好了，每个人的手机可以直接拨通地面的特定电话，直接实时通话；如果需要，还可以使用大显示屏进行双向视频通话。

5. 出舱与返回

"天宫"除了是一个舒适的太空家园，还是一个精密的太空实验室，每一个访客都要按照计划参与完成不同的太空实验，这些实验包括晶体生长、植物生长等等。

人们长期在微重力环境下生活也会有一些身体机能上的改变，比如，由于不需要对抗地球引力，大腿等地方的肌肉力量会变弱，所以，在太空中定期进行体育锻炼不是一个兴趣爱好，而是一项工作和任务。在太空中开展的体育锻炼主要有跑步机和太空自行车等这些锻炼肌肉力量的项目。有意思的是，为了确保航天员不会跑着跑着飘起来，在他们上跑步机的时候需要用一根松紧带将他们进行一定程度的固定。

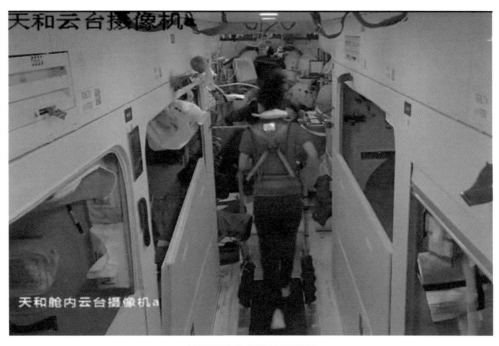

航天员跑步机锻炼示意图

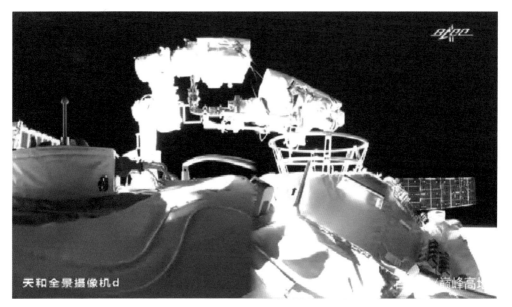

出舱示意图

在这么神奇的太空家园怎么能不去太空转一下？科研人员早就准备好了出舱服，与普通的厚衣服不同，出舱服更像是一个生命保障系统，它为出舱人员提供了稳定的环境温度、大气密度，以及通信等支持。天宫为出舱准备了两个气闸舱，一个是节点舱的主出舱口，一个是问天实验舱的备用出舱口。由于太空环境恶劣，出舱活动需要充分准备和大力支持，"天宫"空间站准备了大机械臂用于航天员舱外活动，此外，还在舱体上设计了大量的扶手，用于支持航天员沿着舱体运动。

感受完一段时间的太空旅行，我们也该返回地面了，返回时还是需要依赖神舟号载人飞船，我们需要穿好宇航服，关好"天宫"和"神舟"的舱门，坐在返回舱的座椅上，做好返回准备。在地面科研人员的控制下，神舟飞船与空间站分离，踏上了回家之路，经过一系列的轨道机动后，神舟飞船会依次分离轨道舱和推进舱，沿着设计好的轨迹，返回舱一头扎进地球大气层，经过大气层气动减速时，整个飞船从地面看去像一团火球，不过在防热材料的保护下，返回舱内空气温度几乎没有变化。

返回舱烧蚀示意图

经过返回舱精确的自动控制后，返回舱会精确地返回预定着陆点，在10千米的高度，降落伞自动打开，缓缓地带着返回舱稳稳地降落在地面，一次神奇的太空之旅就结束啦。

空间站是一个典型的可扩展构型，随着其功能的逐步扩展，空间站会增加很多更有意思的模块，以支持更多的太空活动或体验。相信在下一个假期，我们会有机会一起体验"天宫2.0"版本。

中国空间站，加油!

参考文献

[1] 顾逸东.载人航天空间科学任务进展及一些思考[R].太原:第二届中国空间科学大会，2022.

[2] 中国载人航天工程办公室.中国空间站科学实验资源手册[EB/OL].(2019-04-23)[2023-04-12].http://www.csu.cas.cn/gb/201905/P020190507639578655422.pdf.

[3] 刘向阳，高峰，邓一兵，等.中国空间站再生生保系统的设计与实现[J].中国科学，2022,52(9):1375-1392.

[4] 朱国荣，谢倍珍，刘红.载人深空探测活动中的尿液处理回收技术分析[J].深空探测学报，2018,5(6):582-590.

[5] 高铭，赵光恒，顾逸东.我国空间站的空间科学与应用任务[J].中国科学院院刊，2015,30(6):721-732.

[6] 王翔，王为.天宫空间站关键技术特点综述[J].中国科学：技术,2021,51(11):1287-1298.

[7] 中国载人航天工程办公室.空间站应用与发展工程空间科学与应用项目指南(V1.0)[EB/OL].(2023-06-19)[2023-07-05].http://www.cmse.gov.cn/gfgg/202306/W020230629432887860164.pdf.

[8] INTERNATIONAL SPACE STATION BENEFITSor Humanity, 2022.

[9] NASA. 15 Ways the International Space Station Benefits Humanity Back on Earth[EB/OL].(2022-07-23)[2023-04-12].https://www.nasa.gov/mission_pages/station/research/benefits/15-ways-iss-benefits-humanity-back-on-earth.html.

[10] Scientific research on the International Space Station.https://en.wikipedia.org/wiki/Scientific_research_on_the_International_Space_Station.